世界探索发现系列 Shijie Tansuo Faxian Xilie

Diqiu Shengjing Tanxun

地球探寻胜境

主编：崔钟雷

北方联合出版传媒（集团）股份有限公司

万卷出版公司

地球胜境探寻
Diqiu Shengjing Tanxun

世界探索发现系列

Shijie Tansuo Faxian Xilie

前 言

　　探索，是人类在未知道路上的求解；发现，是人类在迷雾中触摸到的新知。当历史和未来变得扑朔迷离，人类在探索的道路上不断成长；当曾经的奥秘变成真理，人类在发现中看到新的希望。包罗万象的人类世界有着自己的绚丽和神奇：浩瀚飘渺的宇宙空间，让人类既迷惑又神往；骇人听闻的外星人事件，让人类相信外星智慧生命的存在并努力寻找；纷繁复杂的历史疑云，总是成为人类认识和了解过去的绊脚石。纵然探索的道路上荆棘丛生，但人类在创新和实践中坚定了信念，并从未停止过发现的脚步。

　　转眼间，人类已经进入文化科技发展更为迅猛的 21 世纪，历史的疑团还没有解开，未来的生活又将带给我们更多的迷惘。作为21 世纪的新新人类，只有用知识武装自己的头脑，不断丰富自己的阅历，才能增加自己思考判断的能力，在快节奏的现代生活中占据主动。

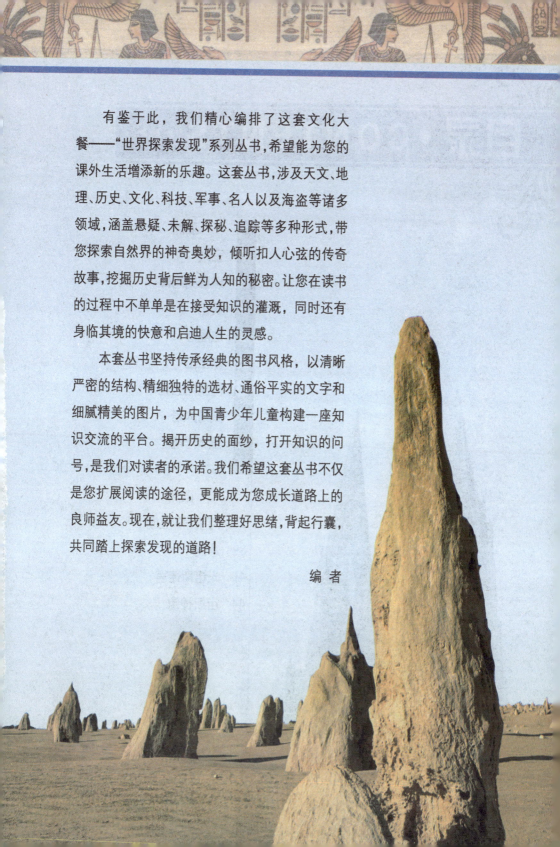

　　有鉴于此，我们精心编排了这套文化大餐——"世界探索发现"系列丛书，希望能为您的课外生活增添新的乐趣。这套丛书，涉及天文、地理、历史、文化、科技、军事、名人以及海盗等诸多领域，涵盖悬疑、未解、探秘、追踪等多种形式，带您探索自然界的神奇奥妙，倾听扣人心弦的传奇故事，挖掘历史背后鲜为人知的秘密。让您在读书的过程中不单单是在接受知识的灌溉，同时还有身临其境的快意和启迪人生的灵感。

　　本套丛书坚持传承经典的图书风格，以清晰严密的结构、精细独特的选材、通俗平实的文字和细腻精美的图片，为中国青少年儿童构建一座知识交流的平台。揭开历史的面纱，打开知识的问号，是我们对读者的承诺。我们希望这套丛书不仅是您扩展阅读的途径，更能成为您成长道路上的良师益友。现在，就让我们整理好思绪，背起行囊，共同踏上探索发现的道路！

编　者

目录 • CONTENTS >>>

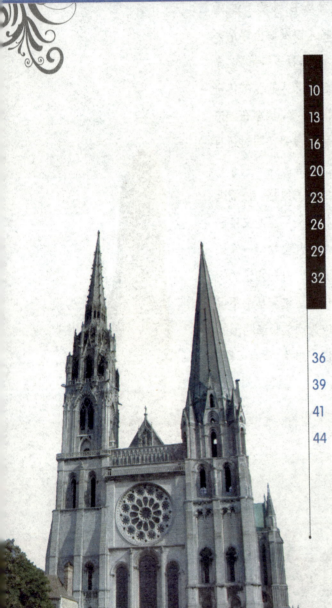

目录 · CONTENTS ▶▶▶

南极洲

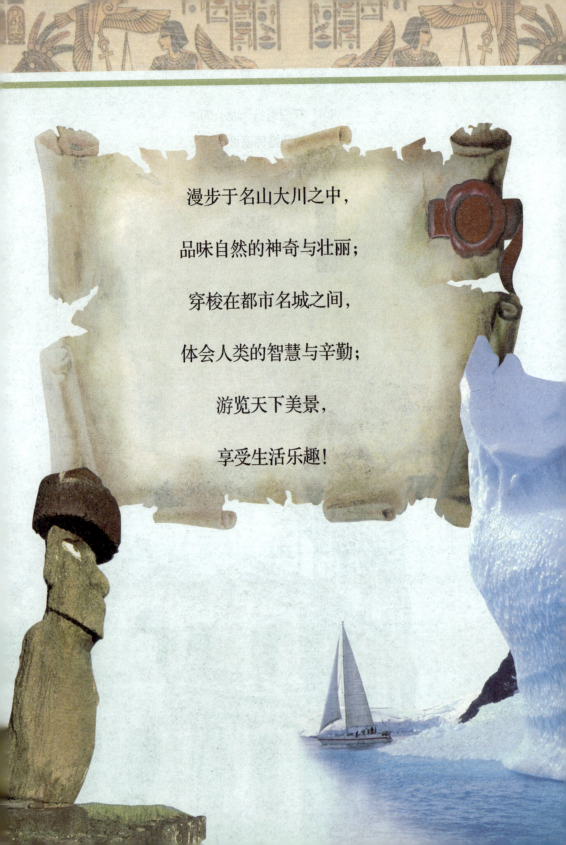

漫步于名山大川之中，

品味自然的神奇与壮丽；

穿梭在都市名城之间，

体会人类的智慧与辛勤；

游览天下美景，

享受生活乐趣！

Diqiu Shengjing Tanxun

地球胜境探寻

1

亚　洲

YaZhou

三　峡

SHIJIE TANSUO FAXIAN XILIE

　　长江浩荡奔流,横穿巫山,气势磅礴,形成了奇伟、雄险的长江三峡。景色秀丽的三峡是巫峡、瞿塘峡、西陵峡的合称。古往今来,无数的文人墨客,为三峡壮丽的风光留下众多美丽的诗篇……

美丽的三峡风光 ●

　　长江三峡是我国长江上一段山水壮丽的大峡谷,居中国 40 佳旅游景观之首,是中国 10 大风景名胜之一。三峡西起重庆白帝城,东到湖北南津关,由瞿塘峡、巫峡、西陵峡组成,全长 193 千米,这是常说的"大三峡"。它是长江风光的精华,神州山水的瑰宝,古往今来,闪烁着迷人的光彩。长江三段峡谷中的大宁河、香溪、神农溪神奇、古朴。使这闻名世界的山水画廊气象万千。三峡的一山一水,一景一物,无不如诗如画,并伴随着许多美丽和动人的传说。

　　长江三峡人杰地灵,不仅是风景胜地,还是文化之源。悠久的文化同旖旎的山水风光交相辉映,名扬四海。这里有许多著名的名胜古迹,如白帝城、南津关等。大峡深谷,曾是三国古战场,是无数英雄豪杰的用武之地,著名的大溪文化,在历史的长河中闪烁着奇光异彩。

　　绵长的长江穿过无数高山深谷,汇集千流百川,浩浩荡荡地从四川盆地向东奔流,可惜遇到了巫山山脉的阻挡。然而长江并不畏惧,如同一把利斧,开山劈岭,横切巫山,在万山丛中奔腾而过,形成了惊人、险峻、壮丽、雄伟的长江风光中最为旖旎迷人的三峡。

　　长江三峡两岸均为悬崖绝壁,江中滩峡相间,水流湍急,风光奇绝。两面陡峭连绵的山峰,一般高出江面 700 ~ 800 米。江面最狭处有一百米左右,随着规模巨大的三峡工程的破土动工,这里成了世界知名的旅游景点。

　　三峡旅游区美景很多,其中著名的就有丰都鬼城、忠县石宝寨、云阳张飞庙、瞿塘峡、巫峡、西陵峡等。巫峡秀丽,西陵峡险峻,瞿塘峡雄伟,大宁河、香溪、神农溪神奇、古朴。这里的溶洞奇形怪状，空旷深邃，神秘莫测；这里的江水汹涌奔腾，惊涛拍岸，百折不回。

瞿塘峡是长江三峡之一，西起奉节县白帝山，东至巫山县大溪镇，长8千米，是三峡中最短的但又是最雄伟险峻的一个峡谷。瞿塘峡入口处，两岸断崖壁立，相距不足100米，形如门户，名夔门，也称瞿塘峡关，山岩上有"坠门天下雄"五个大字。古人形容瞿塘峡："岸与天关接，舟从地窟行"，是因为瞿塘峡虽然短小，却是汇集了全川的水，夺路争流，激起汹涌的浪涛，"镇全川之水，扼巴鄂咽喉"，有"西控巴渝收万壑，东连荆楚压群山"的雄伟气势。

知识链接

三峡工程是中国规模最大的水利枢纽工程，也是世界上装机容量最大的水电站，其坝址位于湖北省宜昌三斗坪。位于长江三峡中的西陵峡，坝址处多年平均流量为14 300立方米/秒，基岩为完整坚硬的花岗岩。

巫峡在四川巫山和湖北巴东两县境内，西起巫山县城东面的大宁河口，东至巴东县官渡口，绵延45千米，包括金盔银甲峡和铁棺峡，峡谷特别幽深曲折，是长江横切巫山主脉背斜而形成的。

巫峡又名大峡，以幽深秀丽著称。整个峡区奇峰突兀，怪石嶙峋，绵延不断，是三峡中最具观赏性的一段，宛如一条迂回曲折的画廊，充满诗情画意。巫峡可以说是处处有景，景景相连。巫山十二峰屹立在巫山南北两岸，是巫峡风光中的胜景，其中以俏丽动人的神女峰最为迷人，历代多情的文人墨客为神女峰注入了丰富多彩的文化灵魂，深深地吸引着游人。

西陵峡在湖北秭归、宜昌两县境内，西起巴东县官渡口，东至宜昌县南津关，全长120千米，是长江三峡中最长的一个，且以滩多水急而闻名。西陵峡可分东西两段，两段峡谷之间为庙南宽

三峡红叶

　　三峡的景色旖旎迷人，三峡的红叶、三峡的溪流构成一幅精美绝伦的图画。诗人李白经过这里留下了优美的诗句："朝辞白帝彩云间，千里江陵一日还；两岸猿声啼不住，轻舟已过万重山。"

谷，峡谷、宽谷各占一半。西段包括兵书宝剑峡、牛肝马肺峡和崆岭峡；东段则分黄猫峡和灯影峡（即明月峡）。峡中有川江五大险滩之中的青滩和崆岭滩。整个峡区由高山峡谷和险滩礁石组成，峡中有峡，大峡套小峡；滩中有滩，大滩含小滩。

　　兵书宝剑峡在长江北岸，有一沓层次分明的岩石，看起来就像一堆厚书，还有一根上粗下尖的石柱，竖直指向江中，非常像一把宝剑，传说这里是诸葛亮存放兵书和宝剑的地方，峡名由此而来。

　　崆岭峡内有崆岭滩，滩中礁石密布，枯水时礁石露出江面犹如石林，水涨时则隐没水中成为暗礁，加上航道弯曲狭窄，船只要稍微不小心即会触礁沉没，是长江三峡中"险滩之冠"。

　　万里长江劈山开岭、冲过激流险滩，出南津关后，就进入了江汉平原。江面由 300 米一下子拓宽到 2 200 米，展现在眼前的是一幅千舟竞发、绿野无垠的美丽画卷。

珠穆朗玛峰

SHIJIE TANSUO FAXIAN XILIE

　　世界第一高峰——珠穆朗玛峰，高高矗立在喜马拉雅山脉上。耸入云霄的峰顶终年白雪皑皑，云遮雾绕，神秘莫测，一直以来，它被人们尊为圣山。雄伟壮观、巍峨挺拔的珠穆朗玛峰，默默地见证着自然界的沧海桑田。

　　珠穆朗玛峰，简称珠峰，位于中国和尼泊尔交界的喜马拉雅山脉上。珠峰是世界第一高峰，海拔 8 844.43 米。喜马拉雅山脉和珠穆朗玛峰都是以藏语命名的，"喜马拉雅"在藏语中是"冰雪之乡"的意思，缘于山脉常年积雪，云雾缭绕；而"珠穆朗玛"藏语意为"女神第三"。在神话中，珠穆朗玛峰是天女居住的宫室，因此珠峰也被称做圣女峰。

　　珠穆朗玛峰是喜马拉雅山脉上最高的山峰，山体呈巨型金字塔状，地形极端险峻，环境异常复杂。峰顶空气稀薄，空气的含氧量很低，只有东部平原的 1/4 左右，还经常刮大风，一般是 7~8 级风，12 级大风也不是很罕见。由于海拔极高，珠峰峰顶的最低气温常年维持在 -30℃ 左右，山上的一些地方常年积雪不化，形成了冰川。珠峰峰顶共有六百多条冰川，大多是由积雪变质而成，总面积 1 600 平方千米，平均厚度 7.26 千米，最长的一条冰川长达 26 千米。每当旭日东升，巨大的冰峰在红光的照耀下折射出七彩的光线，绚丽非凡。除此之外，冰川上还有许多奇特的自然景观，如千姿百态、瑰丽罕见的冰塔林，也有高达数十米的冰陡崖和步步陷阱的明暗冰裂隙，还有险象环生的冰崩、雪崩区。虽然珠穆朗玛峰布满危险，但世界各地的游客却在此流连忘返。

　　珠峰气势磅礴、威武雄壮，在它周围 20 平方千米的范围内，群峰林立，层峦叠嶂。较著名的

有洛子峰（世界第四高峰，海拔8 463米）和卓穷峰（海拔7 589米）等。在这些巨峰的外围，还有许多世界级的高峰与之遥遥相望：东南方向有干城章嘉峰（世界第三高峰，海拔8 585米，位于尼泊尔和锡金的交界）；西面有格重康峰（海拔7 998米）、卓奥友峰（海拔8 201米）和希夏邦马峰（海拔8 012米）。众峰相对而立，形成了群峰来朝、"峰涛汹涌"的壮观场面。

珠峰地区及其附近高峰的气候复杂多变，一年四季的气候气温变幻莫测，即使在很短的时间之内也可能翻云覆雨。但大体上来说，每年6月初至9月中旬是雨季，强烈的东南季风造成恶劣的气候，暴雨频繁、云雾弥漫、冰雪肆虐无常。每年的11月中旬至第二年的2月中旬，受强劲的西北寒流控制，气温最低时可达－60℃，平均气温也达－50℃~－40℃，其最大风速达90米/秒。在一年中只有两段时间是游览登山的好时候：第一段是3月初~5月末，第二段是9月初~10月末，然而在这两段时期，天气状况也很不稳定，实际上适合游览的好天气也就20天左右。

虽然自然环境十分恶劣，但在这样酷寒的山脉中仍然有许多珍稀物种存在。1989年3月，珠穆朗玛峰国家自然保护区宣告成立，保护区面积3.38万平方千米。区内珍稀、濒危生物物种

极其丰富，里面有 8 种国家一级保护动物，如长尾灰叶猴、熊猴、喜马拉雅塔尔羊、金钱豹等等，黑熊和红熊猫也是喜马拉雅山珍贵的动物物种。

珠峰一直是世界登山家和科学家向往的地方。但是由于条件太过恶劣，这座山峰曾被人们认为是生命的禁区，多个世纪以来，都是可望而不可及的地方。从 1921 年英国登山队正式攀登珠峰开始，世界各地的优秀登山家多次尝试接近这座伟大的山峰，直到 1953 年 5 月 29 日，英国登山队的新西兰人希拉里和尼泊尔人丹增·诺盖由尼泊尔一侧（即珠峰南侧）攀登珠峰成功，这是第一次有人站在了"世界之巅"。英国登山队的首次登顶成功，证明地球上的"第三极"也可以为人类所征服。这是一次开创性的事业，它为以后各国登山运动提供了极其宝贵的经验。

在 1960 年 5 月 25 日凌晨 4 时 20 分，登山运动员王富洲、贡布（藏族）、屈银华由珠峰北侧成功登上了这座地球最高峰，这是中国人第一次登上珠峰，也是人类历史上第一次成功从北侧登上地球之巅。

知识链接

板块运动是一板块对另一板块的相对运动，其运动方式是绕一个极点发生转动，其运动轨迹为小圆。板块运动的驱动力一般认为来自地球内部，最可能是地幔中的物质对流。

以『四绝』冠绝天下的黄山，素有『中国第一奇山』之称。其实黄山的秀丽风景并不只有奇松、怪石、温泉、云海，还有峻峭、挺拔的神峰——莲花峰，有奇、有险、威严壮观。黄山集天下名山之所长，堪称山之传奇。

黄山

SHIJIE TANSUO FAXIAN XILIE

中国山水画中，多以崇山峻岭、飞瀑流泉及苍松翠柏为主题，人们经常被这些意境深远的美景所吸引而心醉神往。黄山的美，更让它成为众多山水画家的首选，因此，亦真亦幻的黄山美景早已闻名中外。黄山位于安徽省黄山市，它被称为"中国第一名山"。著名的地理学家徐霞客的评语"五岳归来不看山，黄山归来不看岳"，成了对黄山的最佳诠释。

黄山的美，在于山峰的高峻英秀。在黄山154平方千米的范围内，有七十多座千余米高的山峰，可见山峰密集的程度。这些粗粒花岗岩峰石又经历了风化、雨淋的作用，被剥蚀成姿态万千的怪石、奇柱与石笋，与山里的奇松、云海、温泉，合称"四绝"。

莲花峰是黄山海拔最高的山峰，海拔1 873米，主峰如蕊心，四周的石峰层次分明，像花瓣一样向蕊心集中，远远看去就像向天际绽放的莲花，山的名字正是由此而来。莲花峰高而险峻，虽已经修建了阶梯和山道，但仍因为过于陡峭而让游客胆战心惊。

"天都"指"天上都会"，也就是天仙聚会的地方。天都峰四面峭直，共有一千五百多个石阶，台阶十分陡峭，有的地方甚至呈直角。长十余米的光滑石脊"鲫鱼背"是其中最险峻的，状如其名，两侧的光滑岩石如鱼脊直入深谷，这是被冰川切蚀的遗迹。从这里经过的人，都是心惊胆寒，两腿发软。过了"鲫鱼背"，还要爬上90°的陡壁，才是真正到了天都峰顶。

说起黄山，不可不说"黄山四绝"。

第一绝，怪石嶙峋。正是在这怪石的千变万化之间才能体会到黄山的独特。

黄山怪石向来以"深、险、奇、幽"闻名，而且每峰皆有怪石，怪石有的像人，有的像物，还有的像可爱的小动物，也有的什么也不像，只是形状奇特美丽。怪石还被人们起了有趣的名字，例如"关公挡曹"、"骆驼钟"、"金鸡叫天门"、"猪八戒抱西瓜"等等，趣味盎然。

第二绝，奇松。黄山的美，还在奇松的苍劲奇秀。

黄山松，以石为母，顽强地扎根于巨岩裂隙中，是由黄山的独特地貌、气候而形成的中国松树的一种变体。黄山的松树

● 黄山迎客松。

黄山松

黄山松的生命力极其顽强，其种子能够被风送到花岗岩的裂缝中，以无坚不摧、有缝即入的钻劲，在那里发芽、生根、成长。

知识链接

黄山奇花异草，珍禽异兽种类繁多，有植物2 000多种，其中，属于国家一级保护树种的有：香果树、金钱松、黄山松、黄山杜鹃等。有动物300多种，其中，梅花鹿、黑鹿、毛冠鹿、苏门羚等14种为国家级保护动物。

数量多且姿态迥异，百岁以上的松约有万株，大多生长在800米以上的高山峭壁中。黄山松的根深植盘错，使得松树能在绝崖断壁上生长，也能攀附在峭直的石壁上，独立不坠。黄山松中最著名的要数玉屏楼前的迎客松，它就立在门楼前，倾向一方，像个热切迎客的主人。此松号称黄山第一名松，已逾千岁，与附近的陪客松、望客松、送客松组成黄山迎送客人的殷勤主人，非常有趣。

第三绝，云海。云海缥缈翻腾间，黄山之美尽现。

大凡高山，都可以见到云海，但是黄山是云雾之乡，以峰为体，以云为衣，其瑰丽壮观的云海以美、胜、奇、幻享誉古今，黄山的云海以"善变"著称，翻腾汹涌的云海，像海浪起伏，有人索性将黄山唤做"黄海"，轻柔、飘逸的云海，有人将它比做黄山的裙带，称它为山的化妆师。云海在山中穿梭缭绕时，使得松树、奇石神幻飘然，若隐若现。著名的"蓬莱三岛"就是在这样虚幻的景象中出现的。

依云海的分布方位，全山有东海、南海、西海、北海和天海，而登莲花峰、天都峰、光明顶则可尽收诸海于眼底，领略"海到尽头天作岸，山登绝顶我为峰"之胜景。在黄山观云海有这么一说，欲观前海得上玉屏楼，想观后海得上清凉台；要观东海得上白鹅岭，想观西海得上排云亭，要观天海就得到光明顶了。玉屏楼前的前海最为壮观，而天海的云犹如自天际而来，也很壮观。

第四绝，温泉。

黄山云海

　　黄山云海是黄山不可不看的一景,一般来说,每年的 11 月到第二年的 5 月是观赏黄山云海的最佳季节。

黄山奇石

　　岁月的磨砺和风雨的剥蚀,让黄山以巧夺天工的自然奇景有别于五岳的古迹。黄山一峰一姿,一石一态,一松一画,充满了诗情画意。

黄山"四绝"之一的温泉,古称汤泉,源头就在海拔850米的紫云峰下,水质以含重碳酸为主,可饮可浴。《黄山图经》记载,中华民族的始祖轩辕黄帝曾经在这里沐浴,消除皱纹,返老还童,羽化飞升,因此这里的温泉声名大噪,被称为"灵泉"。返老还童自然是传说,但是温泉确实对人的身体很有益处。

此外,黄山有36源、24溪、20深潭、17幽泉、3飞瀑、2湖、1池。其中,九龙瀑是黄山最壮丽的瀑布,源于天都、玉屏、炼丹、仙掌诸峰,自罗汉峰与香炉峰之间分九层倾泻而下,形如九龙飞降。每层有一潭,称九龙潭。古人赞曰:"飞泉不让匡庐瀑,峭壁撑天挂九龙"。

法隆寺

日本是一个崇佛的国家，在其境内有许多不同时期修建的佛教寺庙。这些历经沧桑的古刹不仅见证了历史的变迁，更反映了一个时代的文化艺术与建筑成就。其中最具代表性的就是法隆寺。

法隆寺又称斑鸠寺，始建于公元7世纪初，是圣德太子于飞鸟时代建造的佛教木结构寺庙，位于日本奈良生驹郡斑鸠町。法隆寺占地面积约十八万七千平方米，寺内保存有自飞鸟时代以来的各种建筑及文物珍宝，其中被指定为国宝的重要文化财产文物约一百九十类，合计两千三百余件。

法隆学门寺是法隆寺的正式名称，正如这一名称所表达的，法隆寺是佛教教学的道场。在中世纪时期，法隆寺被称为"三经宗"或"太子宗"。法相、律、三论等学派是中世纪前在此研究的主要学派。特别是到了镰仓时代，圣德太子撰述的《胜鬘经》《维摩经》、《法华经》的注释书"三经义疏"备受推崇，合"三论宗"、"法相宗"、"真言宗"、"律宗"成为四宗兼学之寺。明治五年，太政官布告建议"真言宗""净土宗"等大宗派统合，结果法隆寺一度被"真言宗"所辖。

据说，圣德太子于公元601年在斑鸠地区建造了斑鸠宫，同时，在斑鸠宫不远处建立了法隆寺。但是，正史《日本书记》上没有关于法隆寺创建的任何记载。此外，还有传说认为，法隆寺是百济工匠将来自中国的佛塔和木结构构造扳术传到日本后修建起来的。

延长三年(公元925年)法隆寺起火，西院伽蓝的大讲堂、钟楼烧毁，1435年又一场大火烧毁了南大门，虽然几度遭遇

火灾,但值得庆幸的是,并没有一场大火烧尽全山,建筑、佛像等各时代的众多文化财产得以保存至今。

在日本庆长年间及元禄至宝永年间,寺庙得到不同程度的修建和扩建。

到了近代,在"废佛毁释"的影响下,对寺院的维修逐渐中止。1878年管长千早定朝把三百余件宝物献纳给当时的皇室,这些宝物被称为"法隆寺献纳宝物",其绝大部分被东京国立博物馆的法隆寺宝物馆保管。

昭和九年(1934年),当权者对金堂、五重塔等诸堂进行了修缮,史称"昭和大修理",历时半个世纪之久,直到20世纪80年代完成,此后,法隆寺一直有专门人员维修。

法隆寺南大门后面稍微高出一段的地方,即为西院。五重塔和金堂分别位于寺庙的左右两侧,被"凸"字形的回廊围住,东西两边分别有钟楼和经藏。

法隆寺中的五重塔类似楼阁式塔,属于中国南北朝时代的建筑风格,塔上有九个相轮,但塔内没有楼板,平面呈方形,是日本最古老的塔。

在大宝藏院陈列着百济观音像等珍宝。如观音菩萨立像;梵天、帝释天立像、四天王立像等,这些都是奈良时代的塑像,本来安置于食堂本尊的药师如来像周围。

玉虫厨子是飞鸟时代的文物,本来是安置于金堂的佛堂形橱柜。样式显然是创作于较法隆寺西院更早的时代,是飞鸟时代的建筑、工艺、绘画的重要遗品。

此外,干漆弥勒菩萨坐像(奈良时代)、铜造观音菩萨立像、铜造药师如来坐像(奈良时代)、木造圣德太子坐像(7岁,平安时代)也在宝藏院。另外,佛画、佛具、舞乐面、经典等不定时更换,公开展示。

法隆寺内除以上介绍的这几处重要院堂外还有众多的堂宇及称为"子院"的附属寺院。西圆堂以外的堂宇及佛像等都很少对外开放。

法隆寺是佛教传入日本时修建的最早的一批寺院之一,是圣德太子创建的南都七大寺中的一寺,其后,日本佛教的兴起以此为基础。它在日本佛教寺院中拥有极其特殊与崇高的地位,与奈良东大寺齐名,是众多日本佛教徒的朝圣之地。

法隆寺在佛寺配置上可以称得上创造出了日本独特的美学意识。它将塔与金堂在寺院横轴上配置成左右非对称形态,不但是在日本开先河,而且现在已经定型为一种日本独创的法隆寺式伽蓝配置,至今仍有对日本寺院配置有着重要影响。

法隆寺金堂以及回廊的柱子呈现出希腊帕提侬神殿石柱的多利克样式,柱子中间鼓起,上下逐渐变细,将柱子做成这种样式能在视觉上让人产生柱子是笔直挺拔的错觉。但是法隆寺的柱子鼓起部分不是正中央部位而是中间向下的部位。由于这种样式的柱子在日本和希腊之间的国家都没有具体的实例,所以柱子样式的形成应该没有受到希腊文化的影响,为日本独创。

伽蓝

法隆寺的寺院又称为伽蓝,即僧众所居住的园庭,伽蓝也是寺院的通称。

富士山

SHIJIE TANSUO FAXIAN XILIE

　　"玉扇倒悬东海天"，富士山那最为优美的圆锥状山体，是日本民族最引以为傲的象征。富士五湖、富士樱花，花映水色、湖映山色，湖光、山色、花容，一直是世界闻名的胜景。

　　富士山是日本第一高峰，是日本民族的象征，被日本人民誉为"圣岳"，它也是世界最美丽的高峰之一，兀立云霄的山顶，终年白雪皑皑。富士山下湖光山色，景色十分美丽。这里有原始森林、瀑布和山地植物，一年四季自然景色妩媚之至。

　　富士山位于日本的首都东京西南约80千米的地方，面积九十多平方千米。它是静冈县和山梨县境内的活火山，它的主峰海拔约三千七百七十六米，属于本州地区的富士箱根伊豆国立公园。富士山山体呈圆锥状，很像一把倒挂悬空的扇子，"玉扇倒悬东海天"、"富士白雪映朝阳"等都是赞美它的著名诗句。在富士山周围100千米以内，人们就可看到富士山美丽的锥形轮廓了。

　　富士山和其他的高峰一样，有层次分明的特点：山上有植物两千余种，海拔500米以下是亚热带常绿林，海拔500~2000米是温带落叶阔叶林，海拔2000~2600米是寒温带针叶林，海拔2600米以上是高山矮曲林带，而山顶常年积雪。总体看来，自高海拔至山顶一带，山体均被火山

知识链接

　　堰塞湖是因地震、山崩、滑坡、泥石流、冰碛物或火山喷发的熔岩和碎屑物堵塞河流而形成的湖泊。这些突如其来的堵塞物往往可以使河流上游涌水，致使上游的城镇、土地遭受洪灾。

熔岩、火山沙覆盖，因此，这一区域既无丛林也无泉水，登山道也很不明显，仅在沙砾中有弯弯曲曲的小道；而在海拔 3 000 米以下直至山脚一带，却有广阔的湖泊、丛林、瀑布，风景非常秀美。

　　富士山曾有火山喷发史，由于火山喷发，山麓处形成了无数山洞，千姿百态，十分迷人。有的山洞至今仍然有喷气现象，有的则已死气沉沉，冷若冰霜。富士山风穴内的洞壁是最美的，上面结满钟乳石似的冰柱，终年不化，被叫做"万年雪"，是极为罕见的奇观。山顶上有大小两个火山口，大的火山口直径 800 米，深 200 米。当天气晴朗的时候，站在山顶就可以看到云海风光。

　　富士山周围，分布着 5 个淡水湖，统称为富士五湖，这是日本著名的观光度假胜地，从东到西分别为山中湖、河口湖、西湖、精进湖和本栖湖。山中湖是五湖中最大的，面积约 6.75 平方千米。湖东南的忍野村，有通道、镜池等 8 个池塘，总称为"忍野八海"，是与山中湖相通的。河口湖是五湖中交通最方便的，已成为富士五湖的观光中心。湖中映出的富士山倒影，成为富士山胜景之一。湖中的鹈岛是五湖中唯一的岛屿。岛上有一座专门保佑孕妇安产的神社。湖上还有长达 1 260 米的跨湖大桥。西湖，又名西海，是五湖中最安静的一个湖。西湖岸边有红叶台、青木原树海、鸣泽冰穴、足和天山等风景区。据说，西湖与精进湖本来是相连的，后来因为富士山的喷发而

分成了两个湖,但是至今这两个湖底仍是相通的。

富士五湖中最小的是精进湖,湖岸上有许多高耸的悬崖,地势复杂,虽然很小,但它的风景却是最独特的。湖水最深的是本栖湖,最深处达 126 米。湖面呈深蓝色,终年不结冰,透出一种神秘气息。

富士山的南麓有一片辽阔的高原地带,是绿草如茵,牛羊成群的牧场。山的西南麓是著名的白系瀑布和音止瀑布。白系瀑布落差达 26 米,从岩壁上分成十余条细流,就像无数白练自空而降,形成一个宽一百三十多米的雨帘,极其壮观;音止瀑布就像一根巨柱从高处冲击而下,声如雷鸣震天动地。

富士山山麓上,还有面积达 74 万平方米的富士游猎公园,其中生活着四十余种、一千多头野生动物,这当中包括三十多头狮子。游人可以驾驶汽车,在公园内观赏各种珍稀动物。除此之外,富士山还有幻想旅行馆、昆虫博物馆、奇石博物馆、植物园、野鸟园和野猴公园等景区。

20 世纪以来,富士山以其独有的魅力吸引着无数的游人。

阿旃陀石窟

1819年，英军在印度孟买东北部演习，突然一个士兵跌落到瓦沟拉河河谷中。士兵身体并无大碍，但他却发现河谷崖壁上有许多洞窟。至此阿旃陀石窟重现人间。

阿旃陀石窟是印度最重要的佛教石窟，保存着为数众多的五六世纪时期的佛教雕像和壁画。阿旃陀石窟的雕塑和壁画对中国和东南亚的佛教石窟有极大影响。阿旃陀石窟位于印度马哈拉施特拉邦北部的温迪亚山。石窟始建于公元前2-公元7世纪，全窟营建达九百多年，建成后共29洞。石窟里除壁画和雕塑外还有一些藻井图案，这些图案反映的是古代宫廷生活和佛陀的生平及传说。

阿旃陀石窟直到19世纪才被人们重新发现，它曾经有过一段不为人知的岁月，连续12个世纪的泥土流沙和崖壁面上的攀缘植物的茎叶已将其厚厚覆盖。1819年，英军马德拉斯军团的一连士兵在这里演习，一个士兵不慎跌落到瓦沟拉河河谷里，这才发现了河谷崖壁上有洞窟。

阿旃陀石窟区的入口只有1个，游人进去后首先见到的是第一窟，然后依次按编号进入其他洞窟。拥有30个洞窟的石窟位于高76米的河岸崖壁上面，洞窟区沿河湾外侧崖壁延

伸大约 550 米，并横向排列成一排。洞窟的建造也分为前后两个时期，仅仅有 4 个洞窟修建于早期，其中 9 窟和 10 窟是塔堂窟，原有的壁画很少保存下来，另外的两个则是僧房窟。

阿旃陀石窟第二次大规模修建大约从公元 4 世纪后开始，当时该地是在瓦卡塔卡王朝统治之下，瓦卡塔卡王朝和笈多王朝有联姻关系，所以洞窟的浮雕和壁画也同样受到了笈多王朝地区的影响。后期的佛窟有 3 个，即第 19、26 和 29 窟。洞窟正厅内的塔基高度有较大上升，塔基的正前方建有大龛，高大的主尊佛像连座刻在龛内，与塔身连为一体，占塔身的主要部分。第 26 窟规模非常庞大，前庭正壁有建窟铭文，铭文作者是高僧阿折罗，捐建者是当朝权臣。我国唐代高僧玄奘曾经拜访这里，他在《大唐西域记》中有确切的记载，他写道："爰有伽蓝，基于幽谷，高堂邃宇，疏崖枕峰；重阁层台，背岩面壑。"描写的就是这里。

后期也修建了 21 个佛窟，与前期有所不同的是，这些窟都增开一间佛堂，佛堂就位于厅壁的正中。佛堂多数为前后双跨院，里间有庞大的雕刻佛像。大部分僧房都有众多装饰，在中厅的顶部和回廊的外侧壁画满了壁画，正门里外和回廊支柱面都有细致繁复的浮雕。僧房也不再是过去朴素无华的风格，而成了富丽堂皇的佛陀壁画世界。

被称为古印度绘画典藏库的阿旃陀石窟现存的绘画数量最多，价值也最高。后期洞窟的壁

知识链接

孟买是马哈拉施特拉邦首府，印度第二大城市和商业金融中心，也是印度的文化中心之一。它位于德干地区西海岸，临阿拉伯海。孟买港为天然良港，是印度西部最大的交通枢纽和第一大港，被誉为印度的西大门。它还是印度最大的纺织工业基地。

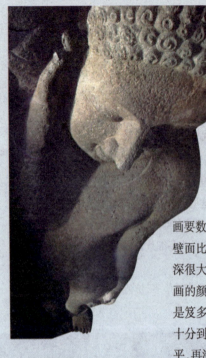

●阿旃陀石窟佛像

阿旃陀石窟佛像雕刻细致，表情生动，具有很高的艺术价值。

画要数 1、2、16 和 17 这 4 个僧房最多，这是由于僧房内的墙壁面比塔堂窟多，可以允许更多的创作。由于洞窟建筑空间进深很大，光线进入不多，白天中厅里的光线十分黯淡，因而壁画的颜色才得以保存完好，可谓五光十色。这四个洞窟的壁画是笈多王朝强盛时期重彩画的代表作。窟内壁面的涂层，制作十分到位，平整的岩石面上先做两层草泥涂层。泥层表面压平，再涂白灰浆，然后作画。壁画题材的分布也十分有规律，在前廊正壁和列柱上分别画佛像和菩萨像，中厅四壁主要画佛陀和本生。各种人物、纹饰、动植物和几何图形画在不同的天花板上，这些纹饰既增加了中厅的华丽气氛，又显示出热带环境下到处生机勃勃的景象。

壁画保存得最好的洞窟是第 17 窟，这里有大量佛陀题材的雕像和佛陀壁画，每幅画都表现了许多的故事场面，故事之间由房屋、树木、假山等道具隔开。各种场面交织在一起，各情节间时间顺序也无法分清，这也是古代印度人时间概念混乱的一种表现。第 1 窟壁画保存得相对完好，画面多用鲜明的对比色，画幅构图与人物描绘着重表情与动态，是阿旃陀壁画中水平最高的。在中厅正壁佛堂门的一侧画有一个手持莲花的菩萨，菩萨宝冠上镶嵌着饰品，表情庄重。菩萨右手持莲花，颈、腰、臀 3 处均有 1 个折弯。菩萨的左右两侧有妇人和武士侍奉。这个发生在山林之中的故事正是佛教所追求的理想世界的宁静与平和的一种表现。笈多王朝的绘画对中亚和中国的石窟壁画也有深远的影响。

桑奇大塔

SHIJIE TANSUO FAXIAN XILIE

桑奇大塔是印度著名的古迹,它是印度早期王朝时代的佛塔,位于中央邦首府博帕尔附近的桑奇村。该塔始建于公元前3世纪孔雀王朝阿育王时期,19世纪被发现,20世纪被修复。

桑奇大塔约建于公元前3世纪,塔直径约36.6米,高16.5米,是印度早期佛教窣堵波的典型,特别是北印度窣堵波形制的典范。大塔中心的覆钵呈半球形,始建于孔雀王朝阿育王时代,当时的体积只有现在的一半,相传为埋藏佛陀的舍利之处,但至今也未发现舍利容器。公元前2世纪中叶的巽伽王朝时代,由当地富商资助的一个僧团继续扩建大塔,在大塔覆钵的土墩外面垒砌砖石,在其上面涂饰银白色与金黄色的灰泥,顶上增建了1方平台和3层伞盖,底部构筑了沙石的台基、双重扶梯、右绕甬道和围栏等,使其规模不断扩大。后来,大塔围栏四方陆续建造了南、北、东、西4座沙石的塔门,从开始到完成历经了公元前1世纪晚期到公元1世纪初期,整座佛塔的造型构思较为原始,其半球体象征着宇宙,神秘而深邃。

桑奇大塔的塔门雕刻,汇聚了印度早期雕刻艺术的精华。每座沙石塔门高约10米,由3道横梁和2根方柱以插标法构成,在横梁和方柱上布满了浮雕嵌板与半圆雕或圆雕构件。同窣堵波的围栏浮雕一样,桑奇大塔的塔门浮雕主要题材是佛教故事和《本生经》。本生故事浮雕的代表作有南门第二道横梁背面的《六牙象王本生》,北门第三道横梁正背面连续的《须大拿太子本生》等,宣扬佛教悲天悯人的情怀、乐善好施的教义,画面上或野象成群,或花木葱茏,充满了印度亚热带丛林生活的奇情异彩。遵循印度早期佛教雕刻的惯例,在桑奇的佛陀故事浮雕中也禁忌出现佛陀本人的形象,而只用菩提树、法轮、台座、足迹等象征符号代表佛陀。例如在《逾城出家》中用上擎华盖、尘拂的空马隐喻无形的悉达多太子出城,用两个刻有法轮的足印暗示悉达多遁迹山林等等。佛陀一生的四件大事,即诞生、悟道、说法和涅槃,被描绘在由横梁与方柱间的浮雕嵌板

知识链接

印度佛教是产生和流传于南亚次大陆的宗教。创始人是乔达摩·悉达多,佛教徒尊称他为释迦牟尼,简称佛陀。其发展过程大致可分为五个历史阶段,包括原始佛教、部派佛教、大乘佛教、密教和现代佛教。

中,分别以两只小象向坐在莲花处的女性身上喷水、菩提树、法轮和窣堵波作为象征。

这种表现人物但却不刻画人物本身的象征手法,反复运用哑谜式的叙事技巧,使观众通过可视的片断形象领会不可视的完整形象,是印度早期佛教雕刻独特的造型语言。

可能是出于古代印度人畏惧空间的心理,以及浮雕的作者多半是象牙雕刻匠师,习惯于充分利用有限的雕刻面的缘故,桑奇大塔的塔门浮雕上挤满了密集的人物、动物和建筑物,从视觉效果上看,仿佛整座塔门是放大的象牙雕刻。在同一幅画面中表现一系列连续性的故事情节,也体现了对空间的充分利用、自由支配和大胆超越。例如《须大拿太子本生》在同一幅浮雕中反复多次出现太子一家的形象,通过人物动作和背景的变化表现故事情节的发展;《逾城出家》则通过同一幅浮雕中反复出现 5 次的同一匹空马在不同背景衬托下位置的移动,在空间的运动

桑奇塔门

桑奇塔门上的雕刻，精美细致，具有很高的艺术价值。

中表现了时间的推移和情节的转换。

桑奇塔门上的高浮雕或圆雕的主要题材包括三宝标、法轮等佛教象征符号，其上常见的动物有大象、狮子、公牛、骏马、狮身鹫头以及有翼的怪兽动物，同时印度民间信仰的精灵药叉和药叉女等形象也常出现于这些浮雕之中。

桑奇大塔上的人物雕像虽然大体属于古风风格，但不像巴尔胡特那样拘谨呆板，它更注重人体姿态自然灵活的表现。桑奇东门方柱与第三道横梁末端交角处的托架像《树神药叉女》，约作于公元 1 世纪初期，是桑奇大塔上最美的女性雕像。她双臂攀着芒果树枝，纵身向外倾斜，宛若悬挂在整个建筑结构之外凌空飘荡，显得婀娜多姿，活泼可爱。她头部右倾、胸部左转，臀部右耸，形成了富有节奏感、律动感的 S 形曲线。这种身体弯曲成 S 形的三屈式，也是印度女性人体美的标准范本。

婆罗浮屠

SHIJIE TANSUO FAXIAN XILIE

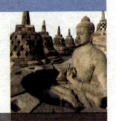

　　印度尼西亚的婆罗浮屠是佛教非常著名的建筑，它与中国的长城、印度的泰姬陵、柬埔寨的吴哥古迹以及埃及的金字塔齐名，一同被人们誉为古代东方的五大奇迹，是极其宏伟壮丽的佛教建筑之一。

知识链接

　　圆寂即"入灭"、"涅槃"。一般指通过修持断灭"生死"轮回而后达到的一种精神境界。佛教认为，信佛的人经过长期"修道"，即能"寂灭"一切烦恼和"圆满"一切"清静功德"。这种境界名为"圆寂"。

　　婆罗浮屠位于印度尼西亚爪哇岛中部的日惹市西北默拉皮火山附近的一个叫马吉冷婆罗浮屠的村子里，婆罗浮屠就矗立在村子附近的山丘上，是举世闻名的佛教千年古迹。

　　婆罗浮屠梵文意为"山丘上的佛塔"，也意译为"千佛塔"，大约修建于公元8世纪后半期至公元9世纪初期，印尼夏连特拉国王为了收藏释迦牟尼的一小部分骨灰，动用了几十万劳工，用了十多年的时间建成。15世纪伊斯兰教传入印尼以后，佛教衰微，婆罗浮屠被火山灰及丛莽埋没，直至19世纪初才被发掘出来。

　　婆罗浮屠是实心的佛塔，没有门窗，也没有梁柱，完全用附近河流中的安山岩和玄武岩砌成，约用了二百多万块石头，底层石头每块重约一吨。佛塔的基层呈四方形，按照佛教解释，塔的下部四方形平台表示所谓"地界"，"地界"占地1.23万平方米。"地界"各层共建有石壁佛龛432座，每座佛龛内有一个莲座及盘足趺坐的佛像。从塔底到塔顶最尖端，原高42米。据传，塔顶钟形大佛龛的尖端因触雷而被毁掉，因而现在实际高度近35米。佛塔共有10层，四周的中间位置各有一条笔直的石阶通道，由塔底直达顶层。佛塔第一层至第六层是四方形，第七层至第九层是顶塔的座脚，呈圆形。第十层是钟形的大塔，直径是9.9米。上部的圆形平台在佛教中表示为所谓"天界"。"天界"各层建有72个钟形小塔，每个小塔内供奉一尊成人大小的盘坐佛像，形状别致，设计巧妙。佛像按东、南、西、北、中五个方位，分别做出"指地"、"施与"、"禅定"、"无畏"等各种手姿，而且佛像的面部神情以及手指、手掌、手臂等各部也是千姿百态，迥然各异，工艺精巧，极为传神。

婆罗浮屠是世界上最大的佛教建筑之一，共有大小佛像 505 尊。塔内各层都有回廊，回廊两旁的石壁上刻有各式各样的浮雕，其中有很多是佛本生故事浮雕，也有当时人民生活习俗、人物、花草、鸟兽、热带果品等雕刻，所有浮雕玲珑剔透，栩栩如生，堪称是艺术珍品，所以这里又有"石块上的史诗"之美誉。建在山丘上的婆罗浮屠因为基础不够牢固，又年代久远，所以整体建筑和浮雕都有不同程度的毁损，20 世纪 70 年代开始对其进行全面修缮，历时 7 年才全部完工。现在这里山环水抱，林秀泉清，古木参天，已被辟为国家游览胜地，并增建了许多游览设施，每年都有很多国内外游人到此旅游观光。

婆罗浮屠石雕

婆罗浮屠石雕玲珑剔透，栩栩如生，堪称艺术珍品。

据专家研究，婆罗浮屠佛塔是为供奉佛祖释迦牟尼的遗物而建的。佛祖圆寂后，遗体火化，骨灰分别安放在 8 座城市的墓地。阿育王即位后，下诏命令挖掘佛祖的 7 座坟墓，将骨灰放在 8.4 万个瓶瓮中，然后分发给佛教徒，在所到之处就地安葬，婆罗浮屠佛塔即是为此而建造的，至于里面是否有佛祖骨灰则没有记载。

自从伊斯兰教传入爪哇后，佛教国王被伊斯兰教国王所取代，政治文化中心从此转移到东爪哇，夏连特拉王国衰亡。从此，婆罗浮屠佛塔开始经历沧桑与劫难。首先是佛塔缺乏应有的管

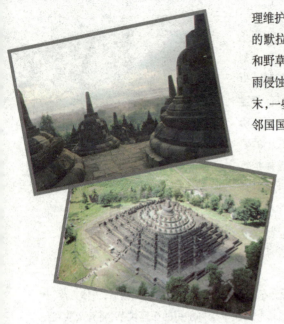

理维护，长期无人问津。其次是自然灾害的影响。附近的默拉皮火山几次爆发，将佛塔掩埋于火山灰、岩浆和野草莽林之中。藻类和菌类植物的迅速繁殖以及风雨侵蚀，严重损毁了佛塔。第三是人为的破坏。19世纪末，一些艺术珍品被当地州长作为礼物赠送给来访的邻国国王，一批宝物也曾被荷兰殖民者盗走。直至20世纪初，经过多次修复和挖掘清理，沉睡了九百多年的艺术瑰宝终于重见天日。1975年至1982年期间，联合国教科文组织与印尼政府共同主持，花费巨资，再次开展了一次大规模的修复工程。将一百二十多万块石头一一剥下，剔除腐烂植物，再喷洒除草剂，然后再重新装上。工程之浩大可想而知。经过此次修缮，婆罗浮屠佛塔终于重放异彩。此后，每年吸引了五十多万游客前来参观。

关于佛塔有很多美丽的传说。传说如果你能将手从孔洞中伸进去摸到佛像的手掌，那你将福星高照，隆运亨通；又传说那些石雕怪兽和佛像可以辟邪，于是引来不少游客顶礼膜拜，祈求平安和幸福。

世界探索发现系列

Diqiu Shengjing Tanxun

地球胜境探寻

2

欧 洲

OuZhou

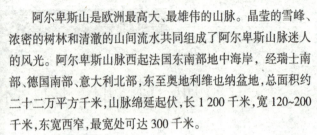

阿尔卑斯山脉
SHIJIETANSUOFAXIANXILIE

阿尔卑斯山脉有着晶莹的雪峰、葱郁的树林、清澈的山间溪流。它绵延起伏，色彩缤纷，并蕴涵着无数奇丽的自然景致，仿佛亭亭玉立的仙女，以妖娆妩媚的姿态展现在世人面前。

阿尔卑斯山是欧洲最高大、最雄伟的山脉。晶莹的雪峰、浓密的树林和清澈的山间流水共同组成了阿尔卑斯山脉迷人的风光。阿尔卑斯山脉西起法国东南部地中海岸，经瑞士南部、德国南部、意大利北部，东至奥地利维也纳盆地，总面积约二十二万平方千米，山脉绵延起伏，长1 200千米，宽120~200千米，东宽西窄，最宽处可达300千米。

阿尔卑斯山山势高峻，平均海拔约达三千米左右，山脉主干向西南方向延伸为比利牛斯山脉，向南延伸为亚平宁山脉，向东南方向延伸为迪纳拉山脉，向东延伸为喀尔巴阡山脉。阿尔卑斯山脉可分为三段：西段是西阿尔卑斯山，从地中海岸经法国东南部和意大利的西北部，到瑞士边境的大圣伯纳德山口附近，为山系最窄部分，也是高峰最集中的山段，位于法国和意大利边界的勃朗峰是整个山脉的最高点，在蓝天映衬下洁白如银；中段的阿尔卑斯山，介于大圣伯纳德山口和博登湖之间，山体最宽阔，这里的马特峰和蒙特罗莎峰也是欧洲比较著名的山峰；东段东阿尔卑斯山在博登湖以东，海拔低于西、中两段阿尔卑斯山。

阿尔卑斯山脉地处温带和亚热带纬度之间，因此它成为中欧温带大陆性湿润气候和南欧亚热带夏干气候的分界线，而它本身还具有山地垂直气候特征。山地气候冬凉夏暖，阳坡暖于阴坡。但高峰上全年寒冷，在海拔2 000米处，年平均气温为0℃。山地年降水量一般为1 200~2 000毫米，具体降水量因地而异：海拔3 000米左右为最大降水带；高山区年降水量超过2 500毫米；背风坡山间谷地降水量只有750毫米。冬季山上有积雪，在勃朗峰3 000米高处，年降雪达20米，但在莱茵河河谷的茵斯布鲁克，3月的积雪区向下延伸至海拔900米，5月间升高至1 700米，9月升至3 200米，再往上就是终年积雪区了。

这样明显的山地气候，使阿尔卑斯山脉的植被呈明显的垂直变化特征。这里可以分为亚热带常绿硬叶林带，即山脉南坡800米以下；森林带，即南坡800~1 800米，下部是混交林，上部是针叶林；森林带以上，即1 800米以上为高山草甸带；再向上则大多都是裸露的岩石和终年积雪的山峰。山区有居民

居住，西部生活着拉丁民族，东部生活的是日耳曼民族。山里也可以看见很多动物，例如阿尔卑斯大角山羊、山兔、雷鸟、小羚羊和土拨鼠等。

阿尔卑斯山以其挺拔壮丽装点着欧洲大陆，可谓是一道最亮丽的风景线，它是欧洲最大的山地冰川中心，"艾格尔峰"、"明希峰"和"少女峰"三大名峰均屹立在阿尔卑斯山脉。特殊的地理环境造就了它独特的景观：高山植物和雪绒花，岩洞中的石钟乳，湍急的瀑布，独特的动植物等，风光秀丽迷人；而那些角峰锐利、嶙峋挺拔的冰蚀崖、悬谷则呈现出一派极地风光。阿尔卑斯山地由于冰川作用又形成许多湖泊，最大的湖泊是日内瓦湖，另外还有苏黎世湖、博登湖、马焦雷湖和科莫湖等，欧洲许多大河都发源于此，水力资源丰富，美丽的湖区是旅游、度假、疗养的胜地，吸引了无数游客。

依据大多数人的直觉，美丽的山必然是满山青翠。而阿尔卑斯山却不是这样，迎面扑来的都是令人目不暇接的缤纷色彩，漫山遍野童话世界般的花团锦簇，生动得让人呼吸停滞。

阿尔卑斯的草原和森林相间，地势广阔，水肥草美，牧马成群。山脚下，黄白相间的奶牛在悠

> **知识链接**
>
> 针叶林是以针叶树为建群种所组成的各类森林的总称，包括耐寒、耐旱和喜温等类型的针叶纯林和混交林，主要由云杉、冷杉、落叶松等一些耐寒树种组成，通常称北方针叶林、泰加林。

秀美风光

阿尔卑斯山山巅冰雪覆盖,山坡林木葱茏,山麓碧波荡漾,自然风光雄奇、秀美。

闲踱步,红瓦尖顶的住家小屋仿佛漂浮在这姹紫嫣红的花海间。更有一些不知名的河流,颜色是晴空般的蓝,荡漾着雪山倒影。芦苇草、蒲公英、各色不知名的野花整整齐齐地围着明镜般的湖面。在这样的一幅图画面前,用不着美酒,只需一阵带着花香的山风,就熏得人心醉神迷;远处的高山犹如穿着翻云滚浪的大裙子,裙上一串高高矮矮的山峰,覆盖着白雪的山尖,在阳光下闪着神圣的光。

阿尔卑斯山是欧洲的旅游胜地,世界著名的滑雪胜地——圣莫里茨高山滑雪场就位于阿尔卑斯山脉的中心地带,圣莫里茨滑雪场是世界最佳的高山滑雪场所,这里有海拔超过3 000米的高山滑道,可以让你化身为白色世界里翱翔的雪域雄鹰。冬日的阿尔卑斯山白雪皑皑,冰川绵延千里,银白色的山峰陡峭雄伟,是滑雪的最佳场所。

冰岛
SHIJIE TANSUO FAXIAN XILIE

> 冰岛又被称为"火山岛"、"雾岛",是欧洲第二大岛屿。岛上空气清新纯净,自然风光奇特,有着千变万化的景观。游人在欣赏美景的同时又能品尝到海洋鱼类的美味,这便让人平添了一分期待与向往。

冰岛即冰岛共和国的简称,它位于欧洲的西北部,靠近北极圈。它既是欧洲第二大岛屿,又是地球上唯一位于板块交会处的岛屿。找遍地球的各个角落,你不会发现第二个地区像冰岛这样有着千变万化的自然景观:冰川、热泉、间歇泉、活火山、冰帽、苔原、冰原、雪峰、火山岩荒漠、瀑布及火山口。这里尤其多火山和地热喷泉。冰岛的自然环境纯净、清新,堪称环保的典范。冰岛夏季日照长,冬季日照极短,秋季和冬初有时还会看见极光。

冰岛面积 10.3 万平方千米,人口 27.21 万,全部是斯堪的纳维亚人。冰岛有"火山岛"、"雾岛"、"冰封的土地"、"冰与火之岛"之称。

由于冰岛上多大冰川、火山地貌、地热喷泉和瀑布等,所以冰岛的旅游业很发达,许多人都慕名来到冰岛一睹它的极地风光和多样地貌。岛上的空气与水源的清新纯净在世界上堪称第一。冰岛对大多数探险爱好者来说是一个理想之地,许多人都到冰岛来探险,也有人是到此来疗养,呼吸新鲜空气,暂时逃离污浊而喧嚣的发达城市,因此,冰岛已成为人们放松精神的天堂。每年 6–9 月是冰岛的最佳旅游时期。在这里旅游几乎餐餐有鱼吃,三文鱼和熏鳟鱼是不可不尝的首选食品。需要注意的是,在冰岛游览地热区时,要避开喷气孔及泥温泉周边颜色较浅的薄土、遮盖地表隐藏缝隙的雪地、松动的尖锐岩浆块以及火山渣形成的滑溜斜坡。

冰岛上有一种鸟叫白隼,它是冰岛共和国的国鸟。这是一种北极鸟,飞得快、体形大,善于攻击其他鸟类。白隼有三种色型,虽然名为白隼,但实际上真正白色的极少,异常珍贵。

雷克雅未克是冰岛首都和第一大城市,也是冰岛第一大港。它是世界最北边的首都,是冰岛全国人口最多的城市。雷克雅未克有世上最为湛蓝的天空,那种蓝,纯净

知识链接

极昼亦称"永昼",是高纬度地区夏季特有的、持续 24 小时的白昼。太阳整日倚着地平线环行:中午升到南方,比地平线稍高;午夜落到北方,未及沉入地平线又冉冉升起,夕阳连着朝晖,终日太阳不落。

得近乎梦幻,让每个到这里的人都为它着迷。而且,这里市容整洁,几乎没有污染,有"无烟城市"之称。每当朝阳初升或夕阳西下时,山峰便呈现出娇艳的紫色,海水变成深蓝,使人如置身于画中。这里的夏天别具风情,碧蓝的湖水中,成群的野鸭游来游去;水面上,蓝天下,有众多的鸟自由地飞翔;湖水映着林荫草地,让人忘记红尘烦恼。

冰岛每年的六七月份,有极昼现象,午夜常有阳光照耀,如同白昼,到了冬天,则刚好相反,有时整天月亮当头,不见太阳。在冰岛除了能欣赏到大自然之手创造的神奇景观,品尝海洋鱼类的美味,还可以尽情地享受精心策划的午夜高尔夫、出海观鲸、冰河漂流、深海垂钓、月球地貌探索等活动,令身心得到彻底的放松。

冰岛的一切如此神秘而又令人向往,它正张开热情的双臂欢迎每一个人的到来!

米诺斯迷宫

SHIJIE TANSUO FAXIAN XILIE

提到古希腊，人们就会想到那些美丽的神话传说。相传在希腊南部的克里特岛上有一个米诺斯王国，国王有一个牛首人身的怪物儿子叫米诺陶洛斯，他为米诺陶洛斯建了一座迷宫，这就是米诺斯迷宫。

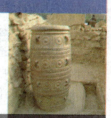

在地中海最大的岛屿克里特岛上，距海边4千米的地方有一座面积2.7平方千米的城市克诺索斯。几千年来，克里特岛一直被神话传说的神秘面纱所笼罩。

在荷马史诗《奥德修纪》中，曾这样描写：在远处暗蓝色的大海上，有一个名叫克里特的大岛屿，它不但富饶而秀美，而且四周都有海浪冲刷。那里人口稠密，有90座城镇……其中最大的一座是克诺索斯，米诺斯国王就是这座城市的主人，他享有万能的众神之王宙斯的关爱……

长期以来，人们并不相信米诺斯王国的存在，也怀疑历史上是否真的有米诺斯王宫。数载后，英国考古学家伊文思揭开了这一谜底。虽然关于米诺斯文明的记载在历史上只有只言片语，但米诺斯王宫遗址的最终被发掘，不但证实了神话的真实性，而且也将欧洲文明提前了1 000年。然而人们至今仍不明白米诺斯王国为什么会忽然消失得无影无踪……

米诺斯王宫有"迷宫"之称，王宫建筑的房屋都十分宽大，房屋内外往往只用几根柱子隔开。建筑内巧妙地安排了采光系统，光线和空气通过房屋之间安置的一个个采光和通风的天井进入室内。王宫建筑广泛采用了圆柱，圆柱设计得上粗下细，看上去和谐统一。可见米诺斯人的智慧之光，不仅体现在王宫的整体布局中，也体现在精妙的细微之处。

另一个最重要发现是通向东面王室居所的唯一通道"大阶梯"，它在建筑群中的作用是不言而喻的。它与附近好几堵墙相连，墙上绘有壁画。阶梯的另一面安置有低矮的栏杆，栏杆上竖着上粗下细的柱子，支撑阶梯上的数个平台。伊文思为了不让"大阶梯"塌垮，用钢筋水泥进行了加固，虽然这种"复原"遭到其他考古学家的批评，但使"大阶梯"得以保存至今。

德国学者沃德利克对这个富丽堂皇的大建筑持有不同看法。他在1972年出版的一本书中提出，这个建筑应该是贵族坟墓或王陵，而不可能是王宫。在他看来，那些被大多数考古学家认为是贮粮、油、酒的大陶罐其实是盛放遗体的葬具，里面注满蜜糖以防腐；壁画象征灵魂转入来世，并且把死者在幽冥世界所需物品也画在上面；王宫中精细复杂的管道也是应防腐所需而铺设的。这位德国学者的观点是：第一，从建筑物的位置来看此地十分宽敞，易攻难守；第二，此地水源缺乏，连维持居民日常饮用尚不能够，还要从外引入水；第三，那些所谓的御用房屋，都非常阴暗、潮湿，讲究生活情趣的米诺斯王族会选择这样的地方做居所吗？另外，如果这里真是王宫，

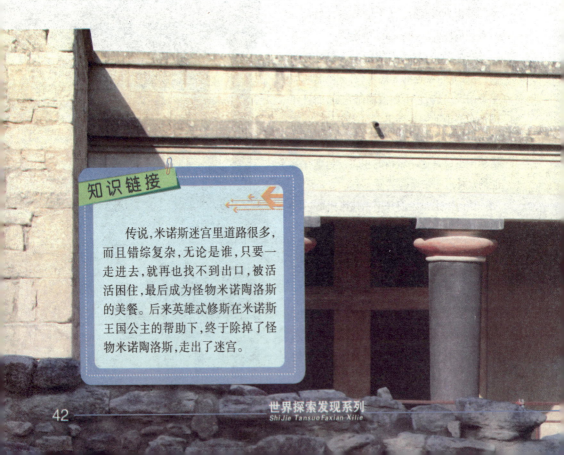

知识链接

传说，米诺斯迷宫里道路很多，而且错综复杂，无论是谁，只要一走进去，就再也找不到出口，被活活困住，最后成为怪物米诺陶洛斯的美餐。后来英雄忒修斯在米诺斯王国公主的帮助下，终于除掉了怪物米诺陶洛斯，走出了迷宫。

为什么在王宫范围内却没有厨房、马厩之类的房舍?难道这里的居民画饼充饥吗?沃德利克的观点与伊文思的截然相反,且所描绘的画面令人毛骨悚然,但是,近百年的考古发掘又表明,这里从未发现过墓葬之类的遗迹或遗体。这一点又该如何解释呢?

米诺斯给世人的惊叹远不止此,其壁画也堪称一绝。一个文明、友善、富贵、闲适的米诺斯社会在那些生机勃勃、充满现代情趣的壁画中展露无遗。米诺斯壁画在创作时,往往趁颜料未干时涂抹上去,使色彩渗入墙壁,所以壁画至今依然鲜艳如初。壁画题材多样,其中有一些是装饰性壁画,多以花草、海洋生物为内容,魅力十足。

然而公元前1470年,克里特岛上的城市几乎遭到了毁灭性的打击,灾难的突然降临,结束了如日中天的米诺斯霸业。不久,这个称雄一时的海上王国就消失在历史深处,只留下一些悠远神秘的传奇故事。对于米诺斯王国毁灭的原因历来说法不一。有人认为是毁于战争,有人认为是毁于地震。而越来越多的考古学家则认为,是人为原因毁灭了米诺斯文明。从考古发掘来看,米诺斯文明似乎是人类战争暴行的牺牲品,并且很有可能是渡海而来的异族入侵者毁灭了它。然而入侵者是谁?他们又是如何征服米诺斯的?这些谜团都为米诺斯王宫平添了无尽的魅力。

三千多年前,曾经盛极一时的米诺斯王国消失了。希腊大陆上的迈锡尼继承了它的文化传统,成为爱琴文明的新中心。从这个意义上说,米诺斯文明并没有终结,欧洲文明又开始了新的进程。暮色苍茫中,米诺斯古文明的迷宫神秘莫测,相信有一天我们能真正发现打开迷宫的钥匙。

宙斯神像
SHIJIE TANSUO FAXIAN XILIE

大约在公元前5世纪，在希腊的奥林匹亚城，巨大的宙斯神像被雕刻完工，这座雕像最初安置在宙斯神殿中，后来还曾被移到君士坦丁堡，但神像最终的下落，令人已无从知晓了……

宙斯神像是古代世界七大奇迹之一。一位记述古代世界建筑奇迹的旅行者曾这样描述宙斯神像："人们以六大奇迹为荣，但人们敬畏宙斯神像。"宙斯神像就位于奥林匹克运动会的发源地——宙斯神殿。

在古希腊时期，宙斯神殿是当时的宗教中心。神殿位于希腊雅典卫城的东南方依里索斯河畔一处宽敞平地的中央，传说这里是宙斯掌管的地区。宙斯神殿建于公元前470年，于公元前456年完成，据说神殿是由当地建筑师伊利斯人李班监建的。

宙斯神殿本身也采用了多利克式柱式建筑。神殿地表铺上灰泥的石灰岩，殿顶则用大理石雕建而成，神殿由34条高约17米的科林斯式石柱支撑着。殿前殿后的石像都是用派洛斯岛的大理石雕成。殿内西边人字形檐饰上的很多雕像都是典型的雅典风格。据说，菲狄亚斯建造雕像时，曾亲自到奥林匹斯山问宙斯大神，而大神以降下霹雳闪电，打裂神殿铺道作回答。至于主神宙斯的雕像，采用了在木质支架外加象牙雕成的肌肉和金制衣饰的"克里斯里凡亭"技术。木底包金的宝座嵌着乌木、宝石和玻璃，整个过程从开始到完成历时8年。

今天的人们虽然能从古书记载中明确神像的建造年代、构成材料以及雕像装饰等等，但是却很难确定菲狄亚斯的作品风格。根据古代文献记载，菲狄亚斯雕塑神像的技艺已经炉火纯青，能使神像具有高不可攀的神圣威严。特别是宙斯神

知识链接

宙斯是古希腊神话中的众神之王，他拥有至高无上的权力，主宰人间的一切。但宙斯却并不是一个威严的神，他远不像中国的众神之王玉皇大帝那样高高在上，他风流成性，希腊神话中有很多关于他的风流故事。

宙斯像。

像,既具有普通的宗教形象,也要具备独特的性格。由于菲狄亚斯原作已全部遗失,人们已无法完整想象出这些作品的真貌。多年来,专家学者曾对菲狄亚斯神像的复制品进行过长期研究,希望能找出其中共同的特点。他们特别注意雅典帕提侬神庙的装饰雕像,据说菲狄亚斯曾经负责监制这些雕像。当然,现在很难断定,菲狄亚斯曾亲手雕过哪一件雕像,因为他既要担任监制工作,又要负责雕塑神殿内的阿西娜巨像,必定是终日忙碌。不过,很可能所有雕像的设计和全部风格都由菲狄亚斯一人决定。神殿东边横带上的神像,被认为是最接近菲狄亚斯风格的作品,只是规模较小。这些神像,在早期的严肃风格与后期轻松及精巧的风格之间,取得了艺术上的奇妙平衡。

宙斯神殿建成后,希腊的宗教中心就移到了宙斯神殿。城邦和平民络绎不绝地往这里送来许多种类的祭品,几百年来,露天神坛是提供给群众供奉宙斯的地方。神坛据说是用献给宙斯的各种祭品的灰烬造的。

为了让被历史掩埋的世界奇迹早日重见天日,考古学家进行了艰苦的勘探与挖掘工作。在奥林匹亚所进行的现代发掘工作,最早的一次是在1829年由法国考察队主持,历时六个星期,但这次发掘成果不大。让近代人对奥林匹亚有更多了解的,则是德国的考察队。他们从1875年开始,几乎一直没有间断地发掘,虽然找出了宙斯神殿以及装饰用的雕像,并且局部恢复了宙斯神殿原来的形状,但始终没有发现宙斯神像本身的踪迹。然而在1954-1958年,考古学家在距离宙斯神殿不远的地方,挖出形状大小与神殿的主室相同的菲狄亚斯工作室的遗址,这一发现是值得庆祝的。菲狄亚斯可以在这种类似神殿的环境中雕塑宙斯像而不致妨碍神殿的工作。

宙斯神像在神殿中屹立了近千年,一直接受着四方的朝拜,但它后来却神秘地消失了。至于它为什么会消失,到底是怎么消失的,却无人能说清楚,而这方面的文献资料也很少。有人说是毁于地震,有人说毁于大火,也有人

众神之神

　　宙斯是希腊神话中的主神,是奥林匹斯山的统治者。

　　认为是毁于战火,众说纷纭,莫衷一是。根据目前的史料记载,基督教的到来,结束了八百多年以来人们对神像的崇拜。公元393年,在罗马皇帝的敕令下,古代奥林匹克竞技大会也暂时画上了休止符。接着,公元426年,罗马帝国又颁发了异教神庙破坏令,于是宙斯神像开始遭到破坏,菲狄亚斯的工作室亦被改为教堂,古希腊神庙从此灰飞烟灭;神庙内倾颓的石柱更在公元522年和公元551年的地震中被震垮,石材被拆,改建成抵御蛮族侵略的堡垒,随后奥林匹亚地区经常洪水泛滥,整座城市埋没在很厚的淤泥下。幸运的是,神像在这之前已被运往君士坦丁堡(现称伊斯坦布尔),收藏于宫殿内达60年之久,据说最后亦毁于城市暴动中,但真相为何,已难知晓了。

Diqiu Shengjing Tanxun
地球胜境探寻

3

非洲
FeiZhou

撒哈拉沙漠

SHIJIETANSUOFAXIANXILIE

撒哈拉沙漠的气候条件极其恶劣，因此有人称它为『地球上最不适合生物生长的地方』之一。可能正是因为它的荒凉、孤寂，所以它才成为探险家心目中『世界十大奇异之旅』之一。

撒哈拉，阿拉伯语意为"大荒漠"，是从当地游牧民族图阿雷格人的语言引入的。撒哈拉沙漠位于非洲，是世界上最大的沙漠，也是世界上除南极洲之外最大的荒漠，它西临大西洋，东接尼罗河及红海，北起非洲北部的阿特拉斯山脉和地中海，南至苏丹草原带，东西长 4 800 千米，南北宽 1 300 千米 ~2 200 千米。

撒哈拉沙漠大约形成于 250 万年以前，形成原因有很多。首先，北非与亚洲大陆紧邻，东北信风从东部陆地吹来，此地不易形成降水，使北非非常干燥；北非海岸线平直，东侧有埃塞俄比亚高原，阻挡了湿润气流，使得广大内陆地区不会受到海洋的影响；因为北非位于北回归线两侧，常年受到副热带高气压带的控制，盛行干热的下沉气流，而且非洲大陆南窄北宽，受副热带高压带控制的范围大，干热面积很广；北非西岸有加那利寒流经过，对西部沿海地区起到降温减湿的作用，使沙漠逐渐逼近西海岸；再加上北非地形单一、气候单一、地势平坦、起伏不大，于是形成了大面积的沙漠。

撒哈拉沙漠干旱地貌类型多种多样。由石漠、砾漠和沙漠组成。石漠，即岩漠，多分布在地势较高的地区，如在撒哈拉东部和中部，尼罗河以东的努比亚沙漠主要也是石漠。沙漠的面积最为广阔，除少数较高的山地、高原外，到处都有大面积分布。砾漠则多见于石漠与沙漠之间，主要分布在利比亚沙漠的石质地区、阿特拉斯山、库西山等山前冲积扇地带。

撒哈拉沙漠中著名的有奥巴里沙漠、利比亚沙漠、阿尔及利亚的东部大沙漠和西部大沙漠、比尔马沙漠、舍什沙漠等。人们把面积较大的沙漠称为"沙海",沙海是由复杂而有规则的大小沙丘排列而成的,形态复杂多样,有高大的固定沙丘,还有较低的流动沙丘,也有大面积的固定、半固定沙丘。固定沙丘主要分布在偏南靠近草原地带和大西洋沿岸地带。从利比亚往西直到阿尔及利亚的西部是流沙区,流动沙丘顺风向不断移动。以前在撒哈拉沙漠曾有流动沙丘一年移动9米的记录。

撒哈拉很多广阔地区内没有人迹,只有绿洲地区有人定居。在这极端干旱缺水、土地龟裂、植物稀少的旷地,曾经有过繁荣昌盛的远古文明。在沙漠地带发现了大约有三万幅古代的岩画,其中有一半左右在阿尔及利亚南部的恩阿杰尔高原,描绘的都是河流中的动物,如鳄鱼等。还有一些壁画上有划着独木舟捕猎河马的场面,这说明撒哈拉曾有过水流不绝的江河。从这些动物图像可以推想出古代撒哈拉地区的自然面貌。

知识链接

沙丘是风力作用下沙粒堆积的地貌,呈丘状或垄岗状。高几米至几十米,个别超过百米。裸露沙丘易于随风流动。按流动程度分固定、半固定和流动沙丘三种。在荒漠、半荒漠地区分布最广。

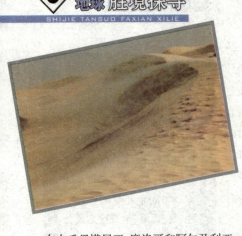

公元前 2500 年开始，撒哈拉就已经变成和目前一样的大沙漠，成为了当时人类无法逾越的障碍，商业往来很少能穿越沙漠，仅仅在绿洲有一些居民。尼罗河谷是一个例外，因为它有充分的水源，这里成为植物生长繁茂的区域，也成为人类文明的发源地之一。

虽然撒哈拉地区的气候十分恶劣，但仍然有人类居住。以阿拉伯人为主，其次是柏柏尔人等。现在还有大约二百五十万人生活在这个区域内，主要分布在毛里塔尼亚、摩洛哥和阿尔及利亚。20 世纪 50 年代以来，沙漠中陆续发现丰富的石油、天然气、铀、铁、锰、磷酸盐等矿产。随着矿产资源的大规模开采，该地区一些国家的经济面貌得以改变。

人们还曾经在这里发现过恐龙的化石。但现在的撒哈拉自从公元前 3000 年起，除了尼罗河河谷地带和分散的沙漠绿洲附近，已经几乎没有大面积的植被存在了。现在这里的植物主要是各种草本植物，还有椰枣、柽柳属植物和刺槐树等，动物有野兔、豪猪、瞪羚、变色龙、眼镜蛇等。

自古以来，撒哈拉这个孤寂的大沙漠，拒绝人们生存于其中，撒哈拉沙漠犹如天险阻碍着探险者的脚步。风声、沙动支配着这个壮观的世界，风的侵蚀，沙粒的堆积，造就了这片极干燥的地表。

风蚀地貌

撒哈拉沙漠最常见的便是由风力侵蚀而形成的形状奇特的大岩石。

东非大裂谷

SHIJIE TANSUO FAXIAN XILIE

由于地壳下沉而形成的东非大裂谷，在很多人的印象中是荒草漫漫、渺无人烟之地。然而，事实上它却是一处气候宜人、牧草丰美、花香阵阵、物产丰富的美丽地方，而且它还是人类文明的摇篮之一。

东非大裂谷位于非洲东部，是世界大陆上最大的断裂带。大裂谷自叙利亚向南，延伸数千千米。大体来说，东非大裂谷北起西亚，从靠近伊斯肯德仑港的土耳其南部高原开始，南抵非洲的东南部，一直延伸到贝拉港附近的莫桑比克海岸。整个大裂谷跨越五十多个纬度，总长约七千千米，人们称它是"地球上最大的一条伤疤"。由于这条大裂谷在地理上已经超过东非的范围，一直延伸到死海地区，因此也有人将其称为"非洲－阿拉伯裂谷系统"。

裂谷谷底大多比较平坦，裂谷带宽度较大。两侧是陡峭的断崖，谷底与断崖顶部的高差从几百米到两千米不等。西支的裂谷带大致沿维多利亚湖西侧，由南向北穿过坦噶尼喀湖、基伍湖等一串的湖泊，逐渐向北，直至消失。东非裂谷带两侧的高原上分布有众多的火山，如乞力马扎罗山、肯尼亚山、尼拉贡戈火山等，谷底还有呈串珠状的湖泊约三十多条，这个地堑系统还包括红海和东非的一些湖泊在内。这些湖泊多水深狭长，其中坦噶尼喀湖是世界上最狭长的湖泊，也是世界第二深湖，仅次于北亚的贝加尔湖。

大裂谷是一种特殊的地貌，形态奇特，地质作用错综复杂，矿产丰富，化石繁多，一直是地理、地质、古生物和考古学家们研究的重点。东非大裂谷是世界上最大的一条裂谷，其独特的地质地貌在地球上绝无仅有。与世界上其他裂谷地区不同的是，东非大裂谷并非不毛之地，它的许

裂谷内植被

　　东非大裂谷内的植被覆盖率并不是人们想象中的那么低。

多地段不仅是动植物的"博物馆"，同时也是人类活动的主要区域。有许多人在没有见到东非大裂谷之前，认为那里一定是一条狭长、黑暗、恐怖、阴森的断涧，其间怪石嶙峋、渺无人烟、荒草漫漫。其实，裂谷完全是另外一番景象：远处茂密的原始森林覆盖着连绵的群峰，山坡上长满仙人球；近处草原广袤，翠绿的灌木丛散落其间，花香阵阵，野草青青，草原深处的几处湖水波光粼粼，山水之间，白云飘荡；裂谷底部，平整坦荡，牧草丰美，林木葱茏，生机盎然。

　　裂谷带的湖泊是最生机盎然的。湖水水色湛蓝，辽阔浩荡，千变万化，不仅因为风景秀美成为旅游观光的胜地，而且湖区水量丰富，湖滨土地肥沃，植被茂盛，野

知识链接

　　裂谷是地球深部构造作用形成的地表裂陷构造。发育于地壳水平引张作用地区，是一种延伸数百千米至上千千米的大型构造单元。其发育常导致洋盆的形成，但若引张作用中止，则不能发育成洋盆。

生动物众多，大象、河马、非洲狮、犀牛、羚羊、狐狼、红鹤、秃鹫等都在这里栖息。坦桑尼亚、肯尼亚等国政府，已将这些地方辟为野生动物园或者野生动物自然保护区。位于肯尼亚峡谷省省会纳库鲁近郊的纳库鲁湖，就是一个鸟类资源丰富的湖泊，共有鸟类四百多种，是肯尼亚重点保护的国家公园。鸟类中，有一种叫弗拉明哥的鸟，被称为世界上最漂亮的鸟。

　　东非裂谷不是像美国的大峡谷那样由河流冲刷而成，而是因为地壳下沉，形成了一个两边峭壁相夹的沟谷平地，这在地貌上称"地堑"。有人在研究肯尼亚裂谷带时注意到，两侧断层和火山岩的年龄，随着离开裂谷轴部距离的增加而不断增大，从而他们认为这里曾是大陆扩张的中心。大陆漂移说和板块构造说的创立者及拥护者竞相把东非大裂谷作为支持他们理论的有力证

据。根据20世纪60年代美国"双子星"号宇宙飞船的测量,在非洲大陆上,裂谷每年加宽几毫米至几十毫米;裂谷北段的红海扩张速度达每年两厘米。1978年11月6日,地处吉布提的阿法尔三角区地表突然破裂,阿尔杜克巴火山在几分钟内突然喷发,并把非洲大陆同阿拉伯半岛又分隔开1.2米。

一些科学家指出,红海和亚丁湾就是这种扩张运动的产物。他们还预言,如果照这种速度继续下去,再过两亿年,东非大裂谷就会被彻底撕裂开,产生新的大洋,就像当年的大西洋一样。但是,也有反对板块理论的人,他们认为这些都是危言耸听。他们说大陆和大洋的相对位置无论过去和将来都不会有重大改变,地壳活动主要是上下的垂直运动,裂谷不过是目前的沉降区而已。在它接受了巨厚的沉积之后,将来也可能转向上升运动,隆起成高山而不是沉降为大洋。

东非大裂谷未来的命运究竟会如何呢?作为"地球上最长的伤疤",我们对它的了解还不多,无法给出一个确切的答案。

东非大裂谷

很多人在见到东非大裂谷之前都把此地想象成一个恐怖的地方,但事实上,这里有着茂密的原始森林和生长旺盛的鲜花灌木。

西非原始森林

SHIJIE TANSUO FAXIAN XILIE

西非原始森林，林木葱郁，野生动植物种类繁多。这里是非洲这个野性天堂里最后一片重要的热带原始丛林。它堪称是地方性物种的巨大宝库，其中以塔伊和科莫埃两大原始森林最具代表性。

　　西非茂密的热带原始森林，可以说是地方性物种的巨大宝库。西非是热带原始森林景观保存较为完好的地区，那里树林茂密，野生动植物种类丰富多样。其中塔伊和科莫埃两大原始森林区是其最典型的代表。

　　终年高温、雨水丰沛和季节变化不明显是热带雨林的最大特点。这里天气闷热，空气湿度较大。由于高温多雨，热带雨林地区的植物生长得迅速而茂密，到处都是翠绿欲滴的原始丛林。人

们开玩笑说，在这里扔一块石头都会生根发芽。在喀麦隆的港口城市杜阿拉和首都雅温得之间约二百千米处的高速公路上，你会看见浓绿的热带雨林铺天盖地而来。而在赤道几内亚首都马拉博，只需 5 分钟的车程，就可以钻入浓密的原始雨林之中。

　　塔伊国家公园是非洲重要的热带原始森林，它以低雨林植被而闻名世界，并于 1982 年被列入《世界遗产名录》。这座公园西邻利比里亚边界，东以萨桑德拉河为界，面积 3 500 平方千米，地貌以平原为主，公园南部有海拔 623 米高的涅诺奎山。这个公园于 1956 年被设立为动物保护区，1972 年开辟为国家公园。

　　由于非洲地区的气候特征，塔伊公园生长着两种森林：一种是由单性大果柏构成的原始森林，一种是由柿树所形成的原始森林。这两类森林区，都是地方性植物种类的巨大宝库。公园里还有多种野生动物，如黑猩猩、穿山

甲、斑马、豹等等，而其中的各种猿猴、利比里亚矮河马、斑鹿羚和奥吉比羚羊是该地区所特有的。

塔伊公园森林里的黑猩猩站直时身高通常约为1~1.7米，体重35~60千克，雄性比雌性更强壮。除了面部，它们身上覆着棕色或黑色的毛，年纪小的黑猩猩面部是粉红色或是白色，而成年黑猩猩的身体和面部皮肤都是黑色的。最近几十年，由于人类猎杀、采伐树木、开垦耕地以及商业性出口，野生黑猩猩的数量正在逐渐减少，已经成为了濒危物种。在西非的原始森林里，栖息地破坏、传染病和非法捕猎使黑猩猩和大猩猩居住的洞穴数量在过去20年里减少了一半，以这个速度发展下去，大约30年后黑猩猩将会在地球上灭绝。

此外，还有一种罕见的物种也生活在塔伊国家公园，那就是穿山甲。人们在白天是很难见到它们的，它们常于夜间活动，还能短时间地游泳。这里的穿山甲头短，眼睛小，有厚厚的眼睑，嘴长而无牙，舌头长而且很灵活。它们的全身几乎全部覆盖着重叠的浅褐色鳞片，5个脚趾都生有利爪。穿山甲主要以白蚁为食，有时也吃其他昆虫。它们靠嗅觉来判断捕食对象的位置，并用前脚扒开对方的巢穴，取出食物。

塔伊国家公园因其丰富的地方物种和一些濒临灭绝的哺乳动物而具有极大的科研价值。因此在1926年，这里建立了莫耶－卡瓦利森林区保护公园，1933年又将这一公园改为物种专门

知识链接

穿山甲产于我国长江以南地区至台湾,越南、缅甸、尼泊尔等地也可见其踪影。穿山甲的体表和尾部有角质鳞,头、口、耳和眼都小,无齿,舌细长,四肢短,爪强壮锐利,以蚁类为食。

保护区。正是由于采取了积极的保护措施,多年来塔伊国家公园的绝大部分地区仍然保持原状,几乎没有受到人类活动的影响和污染。迄今为止,塔伊国家公园是地球上所剩无几的热带原始森林地区之一,它以独有的景致和丰富的自然资源吸引着各国游客的目光。

科莫埃原始森林地处科特迪瓦北部,坐落在苏丹和亚苏丹草原上,面积11 500平方千米,大部分处于海拔200~300米的丘陵地带,有科莫埃河和沃尔特河蜿蜒流过。这里有西非最大的自然保护区——科莫埃国家公园,因其动物和植物繁多,在1983年被列入《世界遗产名录》。

科莫埃自然保护区是苏丹草原和亚林地区之间的过渡地带,它尤为突出的特点是风景多样,并且生长有南方植物。科莫埃河流贯穿其中,在230千米长的河岸两边有一条由茂密的原始森林形成的绿色甬道。除此之外,这里的牧草林木和灌木混生大草原里,既有以柏树为主的稀疏树群,也有茂密的旱林和雨林,这种环境让许多生活在南部的动物集体迁居到北方来。现在,公园里有11种灵长类动物,21种偶蹄类动物,17种食肉类动物,园内的爬行类中还有10种蛇和3种鳄鱼,飞禽的种类更是数不胜数。

人们应该意识到保护雨林的重要性,把它作为人类独一无二的宝藏而一直传承下去。

刚果河

SHIJIE TANSUO FAXIAN XILIE

刚果河是仅次于尼罗河的非洲第二长河。刚果河流域地处非洲赤道地区著名的刚果盆地,该流域有许多瀑布和湖泊。刚果河水量充沛,水能丰富,对非洲内陆的经济发展起到了重要作用。

刚果河流域地处非洲赤道地区著名的刚果盆地,呈典型的盆状,盆底海拔300~500米,周围为500~1 500米的高原和山地。高原山地与盆底之间有许多陡坡和悬崖,河流在这些地段形成一系列瀑布。如著名的刚果河中游的博约马瀑布,下游的利文斯敦瀑布群。

在广阔的刚果河流域上,密集的支流、副支流和小河分成许多河汊,构成一个扇形河道网。这些河流从周围一处斜坡上流入一个中央洼地,这个洼地就是地球上最大的盆地——刚果盆地。刚果河流域具有非洲最湿润的炎热气候,最广袤、最浓密的赤道热带雨林。刚果河中鱼类资源丰富,另外还有许多鳄鱼。森林区的外围是热带大草原带。

刚果河又称扎伊尔河,是非洲第二长河,位于中西非。上游卢阿拉巴河发源于刚果民主共和国沙巴高原,最远源在赞比亚境内,叫谦比西河。向北流出博约马瀑布后始称刚果河。刚果河干流流贯刚果盆地,河道呈弧形穿越刚果民主共和国,沿刚果边界注入大西洋。刚果河全长约4 700千米,流域面积约370万平方千米,其流域面积和流量均居非洲首位。如果按流量来划分,刚果河的流量仅次于亚马孙河,是世界第二大河。由于流经赤道两侧,河水获得南北半球丰富降水的交

替补给,具有水量大及年内变化小的水情特征。

刚果河从谦比西河算起,到基桑加尼为上游,长约2 200千米,该河段自南向北流经高度不等的高原和陡坡地带,水流湍急,多河流、湖泊、瀑布和险滩。从基桑加尼至金沙萨为中游,长约1 700千米,流经地势低平的刚果盆地中部,支流众多,河网密布,河道纵坡平缓,水量丰富。金沙萨以下,进入下游,长360千米。下游刚果河切穿晶山山脉,穿越100余千米的峡谷地带,河宽收缩到400米以下,最窄处仅200余米,形成一系列瀑布,组成了世界著名的利文斯敦瀑布群。从马塔迪往下,河道扩展,河宽水深,水流分支,河口处宽达数千米。刚果河河口没有三角洲,只有较深的溺谷,河槽向大西洋底延伸达150千米,在河口以外数十千米范围内,形成了广大的淡水洋面。河水流经马塔迪和博马,最后在姆安达小镇边入海。刚果河河口是非洲大河中唯一的深水河口,它对航运的发展起到了非常积极的作用。

刚果河干流两次穿越赤道,水量丰富的众多支流从赤道两侧相继汇入,使刚果河常年流量大而稳定,具有典型的赤道多雨区河流的水文特征。刚果河沿途接纳了一些主要支流,右岸有卢库加河、卢阿马河、埃利拉河、乌林迪河、洛瓦河;左岸有鲁基河、开赛河、因基西河等。刚果河及其支流构成了非洲最稠密的水道网,水量充沛,是非洲水能资源最丰富的大河,全流域有43处瀑布和数以百计的险滩及急流。此外,刚果河流域还有许多大湖泊,如姆韦鲁湖、班韦乌卢湖、基伍湖、坦噶尼喀湖和通巴湖等。坦噶尼喀湖是刚果河流域最大的湖,处于刚果民主共和国、坦桑

尼亚、赞比亚和布隆迪边界处,面积3.29万平方千米,南北长720千米,最大水深1 455米,深度居世界第二,仅次于贝加尔湖。

桑加河是刚果河的右岸支流,部分河段为刚果共和国与喀麦隆的界河,流经中非共和国和刚果共和国,在莫萨卡附近注入刚果河。由曼贝雷河与卡代河汇流而成,从卡代河源头起全长约1 300千米,形成的20万平方千米流域面积,卡代河和曼贝雷河的最高水位出现在6-7月,桑加河下游在10-11月流量最大,其次是4-5月。

刚果河左岸最大支流是开赛河,发源于安哥拉的隆达高原。河流全长1 940千米,流域面积90万平方千米。自河源向东北流,然后折向北方,再向西北流,于夸穆特附近注入刚果河。源河名叫卢比拉什河,河流先向北流,然后转向西流,在马伦贝附近汇入开赛河。

刚果河左岸支流还有洛马米河,发源于卡坦加高原,河长约1 448千米,流域面积11万平方千米,河流深切又形成了许多瀑布。

知识链接

刚果盆地位于非洲中西部。盆地呈方形,赤道横贯其中部。由古老变质花岗岩、片麻岩、片岩、石英岩等组成。地形周围高中间低,除西南部有狭窄缺口外全被高原山地包围。内部为平原,地势低缓,从东南向西北倾斜。

金字塔

SHIJIE TANSUO FAXIAN XILIE

　　金字塔是古埃及法老的安息之所,他们相信有来世,为了让自己的来世能够继续尘世的生活,他们便想方设法妥善安置自己的遗体,所以修建金字塔便成了法老生前最重要的事。

　　古埃及的统治者在历史上称为"法老",而金字塔便是这些古代埃及法老的陵墓。古埃及人对神的虔诚信仰,使其很早就形成了一个根深蒂固的"来世观念",他们把冥世看做是尘世生活的延续,甚至认为"人生只不过是一个短暂的居留,而死后才是永久的享受"。所以每位法老在登基之时就开始为自己修建陵墓,并用各种物品去装饰这些坟墓,以求死后获得永生。

　　金字塔位于开罗西南约十千米处的吉萨。这些威严的金字塔都是用巨大的石块建成,呈方

锥形，与汉字的"金"字很像，因此汉语中就将其译成"金字塔"。

在埃及的孟菲斯城西南的萨卡拉，大约有八十多座古代法老王的金字塔陵墓。在这些金字塔中，驰名世界的就是吉萨的三座金字塔。这三座金字塔分别是由古埃及第四王朝的法老王胡夫、哈夫拉和孟考拉所建造的，它们建造的年代可推至公元前2600年至公元前2500年。在萨卡拉墓地中，除马斯塔巴外，也间杂有阶梯金字塔。大约建于公元前2650年第三王朝第二代法老祖塞尔的6层阶梯金字塔，由当时著名的建筑师伊姆胡特主持建造，这座金字塔是埃及历史上第一座大规模的石砌结构陵墓。最初，祖塞尔墓是按马斯塔巴设计建筑的，是一座方形平顶墓。但是，伊姆胡特为了体现法老的威严，将这座马斯塔巴地上建筑的四周向外扩大，又加盖了5层。最终，6层的马斯塔巴形成了重叠而逐层向上缩小的阶梯式金字塔，塔高大约60米，底基呈矩形，东西长121米，南北宽109米。整座金字塔用采自阿斯旺的花岗岩建成。金字塔底部结构十分复杂，还有一口竖井，井深25米、宽8米，井底有一个墓室。

知识链接

在吉萨的三座金字塔中，胡夫金字塔是其中最著名的一座。整座金字塔都是用巨大的石头砌成。一直以来，人们都疑惑，古埃及人是如何将那些巨大的石头镶嵌砌成金字塔的。直到现在，这仍是个谜。

　　阶梯金字塔建筑的发端是法老祖塞尔的阶梯金字塔，继承者胡尼王在美杜姆又建造了一座8层的阶梯金字塔，他把各阶梯之间用石块填平，并且外面覆盖上优质的石灰石，形成了具有倾斜面的角锥体的金字塔，美杜姆的金字塔高约92米，边长144米，完成了由阶梯金字塔向锥形大金字塔的转变。

　　外形庄严、雄伟、朴素、稳重的胡夫金字塔，是吉萨大金字塔中最著名的一座，它十分和谐地与周围高地、沙漠融为一体，浑然天成。其内部结构复杂多变，风格独特，凝聚着建筑者非凡的智慧。大金字塔历经数千年的沧海桑田，风采依旧，显示了古代埃及极高的科技水平与精湛的建筑艺术，成为古埃及文明的象征。

　　约建于公元前2670年，高146.5米的胡夫金字塔，底面呈正方形，每边长232米。金字塔的角度、线条、土石压力都事先经过周密的计算，它的拐角处几乎是完美的直角，四个斜面正对东、西、南、北四方。金字塔的建成共用了230万块巨石，平均每块石头重达2.5吨，最重的一块有50吨重。所用的石头均经过仔细打磨，石头之间不用灰浆等黏结物，石块叠垒非常严密，缝隙刀插不进。金字塔虽然经历了多次大地震，但迄今为止它依然完好无损。

　　金字塔的建造过程非常艰辛。修筑金字塔的石料来自埃及的不同地方，金字塔的内部、外框以及通道和墓地所用的石料分别采自吉萨附近的沙漠、尼罗河的东岸和960千米外的阿斯旺地区。每年当尼罗河河水泛滥的时候，巨大的平底驳船载着石块从尼罗河上游漂流下来。为了把石料从尼罗河边运到金字塔工地上，人们就用碎石铺成一条斜坡路。沿着这条斜坡路，工人们编成一个个小组，用杠杆、滚柱和芦苇拧成的粗大绳索，把巨大的石块拖上为修筑金字塔而建造的工作面。至今还能依稀地看到一些石灰石块上标注的班组和监工的名称。

　　吉萨还有另外两座大金字塔——哈夫拉和孟考拉金字塔。比胡夫金字塔略小的哈夫拉金字塔的庄严的艺术风格和精确的工程设计并不比胡夫金字塔逊色。由于哈夫拉金字塔处在一块较高的台地上，看上去仿佛比胡夫金字塔还雄伟。哈夫拉金字塔底边长215.3米，高143.6米，用石灰岩和花岗岩砌成。它所遗存的附属建筑较为完整壮观，包括用巨石建成的两座庙宇：上庙和下庙。塔畔匍匐着著名的狮身人面石雕，它是直接由一块巨大的岩石就地雕凿而成。

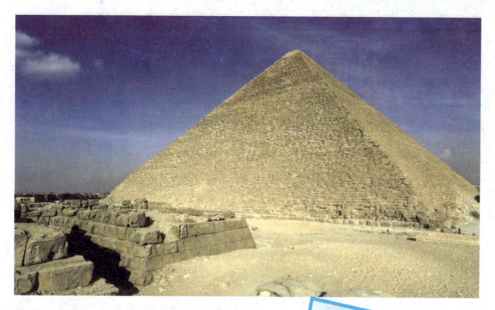

　　孟考拉建造的金字塔位于南端，体积是三座金字塔中最小的，但十分精致。金字塔的底边长 108.7 米、高为 66.5 米，远望仍是极为壮观。但其所用的石块较重，雕凿较粗糙，可能是在仓促下建成的。

　　这三座金字塔是按照猎户座的腰带进行排列的。古埃及人对猎户座有着特殊的感情，他们相信神住在猎户座，亦即天堂所在。

　　据报道，2011 年 5 月埃及科学家利用卫星技术对埃及地区进行了探测，并发现了多座被时间之沙埋葬的金字塔和古代定居点。

　　这些新发现包括藏于地下的 17 座金字塔和 3000 个古代定居点。在这次最新发现之前，通常认为埃及全境有近 140 座金字塔。但是专家一直怀疑地下还埋有更多没被发现的金字塔。

　　由于古埃及人用来建造金字塔的泥砖比它们周围的沙土密度要大得多，因此从卫星影像上可以很容易地看出寺庙、墓葬和其他建筑形式。岁月在漫天黄沙中流逝，转瞬间过去了几十个世纪，巍峨的金字塔依然屹立在天边的沙漠中，傲对碧空。怀着浓厚的兴趣，一代又一代的科学家、学者和探险家对金字塔进行了一次又一次的探索。人们虽然对金字塔有了一些认识，但是仍有许多谜团等待着人们去解开。

狮身人面像
SHIJIE TANSUO FAXIAN XILIE

　　古老的狮身人面像屹立在金字塔旁，有人认为它是守护胡夫金字塔的，也有人认为它是为哈夫拉守护陵墓的，还有人认为它并不是为谁而存在，但无论真相如何，它仍是一座伟大的建筑。

　　从开罗西行数千米，来到吉萨的沙漠中，世界古代七大建筑奇迹之一的金字塔便屹立眼前。在最大的胡夫金字塔东侧便是狮身人面像，它以诱人的魔力吸引了各地的游客。

　　狮身人面像的造型表示以狮子的力量配合人的智慧，象征着古代法老的智慧和权力。整座雕像除狮爪外，其余全用一整块巨石雕成，雕像高约二十米、长约五十七米。雕像的头部原有神蛇，下巴上原有胡须，现在这些全都不存在了，雕像的鼻子现在也没有了。

　　狮身人面像的修建者是谁，头像雕刻的又是谁呢？有人认为狮身人面像的建造者是胡夫法老。当时的人面像脸长5米，头戴"奈姆斯"皇冠，额上刻着"库伯拉"圣蛇浮雕，下颌有帝王的标志——下垂的长须。但这种说法并不能使人们完全信服，且不说胡夫是不是建造者，那斯芬克司狮身人面像的头像，真的是胡夫吗？这是个千古之谜。用自己脸庞的形象雕刻狮身人面像,用来护卫自己的陵墓,不会被人耻笑吗?那显然降低了法老的身价。这让人很难理解。

也有人认为狮身人面像的建造者应是埃及第四朝法老哈夫拉,其头像就是依照哈夫拉的脸部雕刻的,但后来考古学家在吉萨发现了一些石碑,碑文中提到法老胡夫曾见到狮身人面像。那么依照这一文献来看,这座雕像的建造年代应该比哈夫拉早。现在有关狮身人面像唯一能确定的就是它应是修建于公元前 2500 年前后,至于建造者和头像,人们还在研究中。

现在,古埃及的狮身人面像一般被人们认为是用来守卫法老陵墓的,但是有人却不这样认为。这个人就是美国的大预言家埃德加·凯西,他从 1933 年开始一次次地否定狮身人面像是古埃及人建造的这一说法。那金字塔的修建到底是为什么呢?

于是人们又继续寻找,在古代的一片铭文里(铭文就是刻在石头上,或墙上浮雕当中出现的古埃及的文字)记述道:地上的荷鲁斯神在夏至前的 70 天,由弯弯曲曲的河的东岸或者说另一面开始行走,那么 70 天之后,他与地面上的另外一个神奇结合,正好出现在太阳升起的那一刻。于是人们就开始分析这段铭文,开始寻找它的真正含义。荷鲁斯神从这一岸到那一岸究竟是什

知识链接

法老是埃及国王的称呼,本意为"大宫殿"。这一称呼始用于新王国时代。埃及人因讳言国王名,故有此尊称,犹如我国古代称皇帝为"陛下"。法老自称是"太阳神之子",对臣民拥有至高无上的权力。

么意思呢？有人也按照铭文内容去试验，在夏至前的 70 天开始走，却一直没有找到让他们能很好地理解这个问题的答案。于是人们苦恼着，在思索着是不是对它的理解是错误的。后来还真有一个聪明人，他认为从地平线上弯弯曲曲的河走过来，其实弯弯曲曲的河指的并不是地上的河，也不是人们所认为的尼罗河，而应该是弯弯曲曲的银河。后来就有人真的在夏至前的 70 天站到吉萨去观测银河的东部，在那里发现了一颗闪亮的星星，太阳就出现在这颗星星的旁边。于是人们又开始观察太阳和这颗星星，观察的结果是，70 天后，它们真的落到地平线。而这颗星星确实是移过了天上弯弯曲曲的银河，来到了这一边。有人认为这颗星星也许就是铭文所说的荷鲁斯神。而在地平线的那一点上，70 天之后真的出现了一个狮子星座，荷鲁斯神和狮子星座合二为一。于是人们推测古埃及的铭文中所提到的就是这一内容。而狮身人面像的修建与法老的陵墓应该没有关系。但这也只是猜测，真相到底是怎样的，还有待科学家去进一步研究。

狮身人面像经历了几十个世纪的风吹雨打，现在已经是千疮百孔，尤其是雕像的颈部和胸部被腐蚀得最厉害。在 1981 年还有一次"重伤"，雕像的左后腿突然塌方，出现了一个长 3 米、宽 2 米的大窟窿，而在 1988 年 2 月，雕像的右肩上又掉下来两块巨石。现在人们不禁为狮身人面像担忧，不知道它还能屹立多久，人们也正在进行各种努力，希望它能够永远屹立不倒。

庞大的狮身人面像沉默地屹立了几千年，它历尽沧桑的面容里似乎已有了憔悴的神色。在它的身上有那么多的谜题，让人们困惑不已，也许有一天，人们会了解到有关它的一切。

卢克索神庙

埃及是一个古老而神秘的国度，古埃及人民创造了许多奇迹，曾经辉煌一时的卢克索神庙，就是众多奇迹中的一个。卢克索神庙凝聚了古埃及几代法老的心血，他们的名字因神庙而被铭记。

卢克索神庙位于埃及的首都开罗市以南七百多千米处的尼罗河东岸，在卢克索镇的北面。神庙集中了埃及中王朝与新王朝时期的许多遗迹。

卢克索神庙印证了卢克索辉煌无比的过去，包括了埃及第十八王朝的第十九法老阿蒙霍特普三世和第十九王朝的拉美西斯二世时期，以及希腊、罗马时代的建筑群。卢克索神庙从现存的拉美西斯二世塔门起，至希腊、罗马时代的圣所止，都处在一条中轴线上。

卢克索神庙长达262米、宽56米，占地面积约有三十一万平方米。整个神庙由塔门、庭院、柱厅和诸神殿构成。在塔门两侧矗立着六尊拉美西斯二世的巨石雕像，塔门是神庙的主要入口，进入塔门的东北角是太阳神阿蒙的神庙。

在卢克索神庙的正门原来立着一对花岗岩的方尖碑，碑体用整块的花岗岩雕凿而成，碑高大约有二十五米，碑体上布满了象形文字，文字记述的内容多是"古埃及的拿破仑"图特摩斯三世的事迹。方尖碑以古朴的神殿为背景，显得更有历史的沉重感。立于塔门前的方尖碑直挺而上，与左侧的两株笔直的棕榈树形成无生命与有生命的和谐共存。

穿过圆柱门，是阿蒙霍特普三世神庙，三面由双层柱廊环绕。残存的遗迹中有一幅浮雕，描绘了阿蒙霍特普三世法老由神引导步入圣殿的情景。

在中央大厅的东面有一间降生室，室内的四周石壁上刻有浮雕，是描绘着象征穆伊亚女王和太阳神阿蒙结婚的浮雕，还

卢克索神庙

拿破仑时期最先发现了卢克索神庙，随后开始了对古埃及文明的探索。

有在女神帮助下王子降生情景的浮雕。庭院四周三面建有双排雅致的石柱，石柱有些呈纸草捆扎状，柱顶像一朵盛开的花，十分优美。北部入口处是造型独特的柱廊，共有 14 根柱子，每根大约有十六米高，这些廊柱是卢克索神庙中最早的核心建筑，是阿蒙霍特普三世时代建造的，当时还修建了中庭和多柱厅。

介绍卢克索神庙，必须要提到埃及第十九王朝的第三位国王拉美西斯二世。作为埃及历史上颇有名望的一位国王，拉美西斯二世不但具有雄才大略，喜欢南征北战，还喜欢大兴土木，一生建树很多。在正史和野史上，有关他的记载非常多。他在世时征集了大量人力、物力和财力，对卢克索神庙进行了一番整修。一来到这里，立刻就能感到拉美西斯二世无处不在的身影。神庙墙上的浮雕生动地描述了他执政初期与赫梯人作战的情景。左右两边的浮雕构成一幅完整的组画。左边的画面描绘了当时的军营生活、战前召开军事会议及法老御驾亲征、在战车上指挥战斗的情景。这位法老如何向敌人发动进攻、拉弓射箭的动作及赫梯人溃逃的情景，都栩栩如生地展现在右边的画面上。在拉美西斯庭院里,石柱中立有一尊拉美西斯二世法老王的石雕像。旁边的石壁上镌刻着一些浮雕和文字,叙述了举行庆典仪式的情形。柱旁石壁上的浮雕描绘了新年之际"圣船"队从卡纳克到卢克索往返的盛况。古埃及人信仰的太阳神阿蒙一家,在法老和祭司的陪同下,分乘4条船,从卡纳克神庙向卢克索神庙驶进,船的后面跟随着尼罗河两岸浩大的队伍,歌舞相伴之中,气氛异常热烈。"圣船"到达卢克索神庙,便杀牛宰羊,群臣欢宴。

知识链接

　　拉美西斯二世对卢克索神庙的扩建有不可磨灭的贡献。他是埃及第十九王朝的法老,在位期间发动了多次战争,巩固了埃及的统治。拉美西斯二世统治埃及67年,是古埃及史上统治时间最长、影响最大的法老。

　　卢克索神庙的现状不容乐观,它正面临着巨大的盐碱化侵蚀。现在不断上涨的尼罗河水也在威胁着卢克索和卡纳克的神庙。尼罗河水位上涨以及建筑盐碱化程度加深,使拥有几千年历史的卢克索神庙群正被不断侵蚀。

　　卢克索某些地区的尼罗河水位已经上涨1.5米之多,同时,立柱和雕像所使用的颜料已受到了侵蚀。

　　原来在阿斯旺大坝建成以前,卢克索建筑群建成后三千多年中,季节性的尼罗河泛滥会把神庙立柱上旱季时形成的盐分洗刷掉。但现在阿斯旺大坝的建成,使尼罗河的水位常年维持在相同水平,神庙累积的盐分就越来越多。另外,附近农田中所使用的化肥等也加速了盐碱化过程。积留的河水成为细菌和真菌的温床,使文物保护越来越艰难。

　　现在,埃及政府正在为拯救卢克索神庙制订多项计划,他们想尽一切办法来挽救这些文物古迹,相信埃及政府的努力一定会使卢克索神庙继续完好地存在下去。

● **神庙遗址**
　　卢克索神庙是一个规模巨大的包含多个建筑物的建筑群。

阿布·辛拜勒神庙

SHIJIE TANSUO FAXIAN XILIE

　　每一个权势威重一时的人，也许都把自己当成了神，拉美西斯二世就是这样的一个统治者，而阿布·辛拜勒神庙就是他这一思想的有力佐证，但事实证明，他最终只是一个人……

知识链接

　　拉美西斯二世在位期间大兴土木，重新修建和扩建了许多庙宇。他还热衷在神庙里雕刻自己的雕像，树立颂扬其战功的记功碑，阿布·辛拜勒神庙就是他的一个杰作。

　　在埃及南部阿斯旺省以南三百多千米处，是一片人迹罕至的荒漠，这样一片荒漠里却聚集了许多宏伟的古埃及法老时代的建筑，其中包括阿布·辛拜勒神庙。

　　阿布·辛拜勒神庙建于公元前1290－前1224年，是埃及法老拉美西斯二世修建的，整个建筑是从山崖石壁中雕凿出来的，入口处有4座高达21米的拉美西斯二世巨像，其中一个已经坍塌了。旁边是拉美西斯的妻子尼菲拉丽较小的神庙，另外还有6尊挺立的雕像，其中4尊是拉美西斯二世，两尊是尼菲拉丽，每尊都高达10米。神庙内还有许多雕成人形的用于支撑的石柱，墙壁和顶上饰有色彩鲜明的浮雕图案。浮雕的内容有表现拉美西斯二世英勇杀敌的，如他坐在战车上砍下敌人的手臂。还有的刻的是他虔诚上香的情景。神庙后墙是最神圣的地方，那里有4座巨大的雕像：拉美西斯二世和3个圣者。

　　整个阿布·辛拜勒神庙高33米、宽37米、纵深61米。在神庙内壁上刻满了令人叹为观止的精美图案，这里是神秘埃及之旅的最后一站，人类文明最灿烂的一章由于古埃及法老时代的辉煌不再而告一段落。自拉美西斯王朝之后，埃及法老王朝气数已尽，王朝四分五裂，外族随后统治埃及。

　　1813年5月，瑞士探险家约翰·路德维希在一次偶然间发现了这座被沙漠掩埋的神庙，当时他骑着骆驼沿着尼罗河穿过努比亚沙漠。他曾在日记中记下了这一发现。后来无数的考古学以及建筑学的专家们接踵而来，他们都被眼前所见惊呆了。当初约翰仅仅看到一部分的阿布·辛拜勒神庙，在大约100年后这座神庙终于重现在世人面前，法老神像的视线穿过闪闪发亮的尼罗河，一直到达遥远的东方，那是太阳升起的地方。埃及的阿布·辛拜勒神庙真正称得上是伟大的世界奇迹。

最让人惊叹的是，现在的这两座神庙是在20世纪60年代被搬迁而来的。阿布·辛拜勒神庙作为埃及最美丽的一座神庙，是20世纪60年代"埃及古迹大搬迁"行动的"纪念碑"。当时埃及修建阿斯旺大水库时，来自全世界几十个国家的专家学者把努比亚地区的14座神庙进行了大搬迁。阿布·辛拜勒神庙搬迁工程于1962年开始，来自世界各地的考古学家、建筑学家耗时多年才将它搬走，安置到了现在人们看到的地方。工程师们先把神庙用沙土掩埋，用钢板将整个神庙围起来，然后将水抽干，开始大规模的切割行动。最后再将切割完的部分重新还原，阿布·辛拜勒神庙的搬迁工程是整个埃及神庙搬迁中花费最高的一个，其中费用大部分由美国承担，因此不管是埃及，还是西方国家，都将古埃及留下来的遗产称为是世界遗产。

埃及的阿布·辛拜勒神庙是伟大的世界奇迹。令人惊叹的不仅在于如此宏伟的建筑是在没有任何机械帮助的条件下建造而成的，而且还在于它的湮没、发现和搬迁的整个过程。

雄伟壮观的阿布·辛拜勒神庙不但在建筑方面令人赞叹，在设计方面更让人叹为观止。神庙让人们看到了古埃及人在建筑、天文等方面令现代人无法理解的超出常人的才能和智慧。拉美

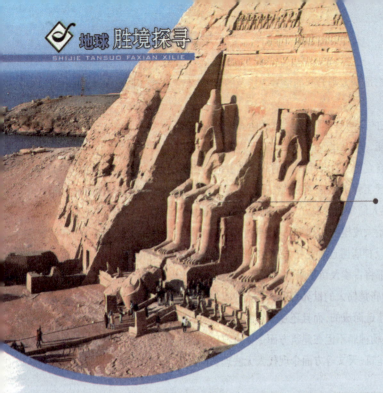

神庙入口

神庙入口的四个
巨大的坐像令人望之
而生敬畏之心。

西斯二世甚至命令设计者设计出一年中只有两天(即在他的出生日及登基日),太阳光才能通过全庙唯一的长廊照射进庙内最里面的四座雕像中的三座雕像的身上。在那两天的早晨,阳光会从黑暗之神的右边开始依次照射到国家最高神:太阳神阿蒙,然后是神格化了的拉美西斯二世像,最后是拉赫拉克帝神像的身上,而最左边的黑暗之神却不会被阳光照到。据说庙内长廊长度和拉美西斯二世从登基到退位死去的时间相同,即67米和67年。这难道仅仅是巧合吗?如果拉美西斯二世在天有灵不知会作何感想。

现在,人们一直在猜测拉美西斯二世为什么会把神庙建在离他的居住地如此遥远的地方,他是想向众神表示他的虔诚,还是想让自己的声名可以远传到努比亚呢?现在都已无从考证了。

卡纳克神庙

SHIJIE TANSUO FAXIAN XILIE

历尽几千年风雨的卡纳克神庙见证了古埃及中王朝和新王朝曾经的辉煌。有时候历史就是通过这些神庙建筑被记载下来,渐渐成为永恒的。

卡纳克神庙也被称为卡纳克—阿蒙神庙。它位于尼罗河东岸的卢克索镇北4千米处。卡纳克神庙共分3部分:供奉太阳神阿蒙的阿蒙神庙;供奉阿蒙的妻子——战争女神穆伊亚的神庙;第三部分是孟修神庙。神庙两旁建造了许多狮身羊面像,雕像中间是一条直通卢克索神庙的甬道。

新王国时期底比斯城的中心是巨大的卡纳克神庙。卡纳克神庙是底比斯最为古老的庙宇,由砖墙隔成三部分。其中阿蒙神庙保存得最完好,也是面积最大的一部分。孟修神庙和穆伊亚女神庙都远远小于阿蒙神庙。古埃及最初所崇拜的并不是阿蒙神,直到中王国和新王国时期,王朝的统治者以底比斯为都城后,底比斯的地方神阿蒙神才成为埃及最重要的神,并成为王权的保护者。

卡纳克神庙以其浩大的规模而扬名世界,它是地球上最大的用柱子支撑的神庙。卡纳克神庙最初建于中王国时期。据说当年建造神庙时,将工匠、祭司、卫士、农民全包括在内,共有81 322人为这座神庙付出了艰辛的劳动。法老们远征的战利品和劫掠的钱财为神殿的建造提供了极为丰富的资金来源。卡纳克神庙集聚了历代法老的心血,其中阿蒙

神庙雕像

一大一小的两个罗列在一起的雕像体现了埃及人独特的审美观念。

霍特普三世建造了中央的 12 根大柱，用以支撑众多的柱楣。拉美西斯一世开始对大殿进行装饰，一直延续到塞提一世和拉美西斯二世时代。卡纳克神庙从三千多年前的十七王朝开始修建，经十八王朝、十九王朝和二十王朝不断增修扩建，历时一千三百多年。

卡纳克神庙的规模宏大、壮观，豪华奢侈冠绝当时。神庙有 10 座门楼，各座门楼又有相应的柱厅或庭院。全庙平面略呈梯形，主殿按东西轴向建造，先后重叠建有 6 座门楼，再从中心向南分支，分列 4 座门楼。其中石柱大厅最为著名，大厅是十九王朝的拉美西斯一世、塞提一世和拉美西斯二世三代法老倾力修建的。柱厅中共有 134 根圆柱，中间阿蒙霍特普三世建造的 12 根最大，每根高达 20 米以上，据说柱顶能站立百人。在门楼和柱厅圆柱上装饰着丰富的浮雕和彩画，这些浮雕和彩画的内容有的是表现宗教题材的，有的是歌颂国王业绩的，还附有铭文。这些内容都是重要的历史研究资料。

现在，神庙的建筑布局大概是这样的：一条由羊头斯芬克司雕像拱立的甬道一直伸入神庙，它们代表阿蒙神，每一尊雕像的两条前腿间都有一尊拉美西斯二世的小雕像。第一道门大约建于神庙建成的 600 年后，门高 43 米，是卡纳克最大的一座门。穿过第二道门进入多柱厅，也就是石柱大厅。厅内的柱林是世界上最壮观的景观之一。在第三道和第四道门之间的庭院内，立着一座图特摩斯一世的方尖石碑，据说这里的石碑原来为一对，而另外一个现在已经不知去向。第四道和第五道门之间是图特摩斯一世之女哈特舍普苏所立的两座方尖碑。几个世纪以后方尖碑既未被风化，也没有遭到损坏，在顶端处还可以看到高墙遮挡而形成的印记。而哈特舍普苏女王也因这些方尖碑被人们所了解。一旁的两座粉色花岗岩石柱上，一侧刻着百合花，一侧刻着纸莎草花，这是传统的上下埃及的标志。

阿蒙神庙南面是长 120 米的圣湖，圣湖湖水清澈，水中可以看到神殿的倒影。阿蒙神在每年的奥佩特节乘坐圣船来此参加庆典。半截方尖石碑旁边是阿蒙霍特普三世献给初生朝阳的巨大的蜣螂雕像。

卡纳克神庙里包容了众多的古埃及历史，那里不仅仅留下了每一代法老对神的崇拜，也留下了有关每个法老的历史，因此卡纳克神庙也成为古埃及中王国和新王国历史、文化的重要考古遗迹。站在卡纳克神庙前，人们似乎又回到了那遥远而又辉煌的过去，所有已沧桑模糊的故事，都一一再现。

知识链接

卡纳克神庙也被称为阿蒙神庙，是古埃及法老献给阿蒙神的建筑群。后来阿蒙神庙僧侣的势力越来越大，已对王权构成了威胁，法老阿蒙霍特普四世曾推行宗教改革，试图解决僧侣力量的威胁。

狮身羊面像

埃及还有一些鲜为人知的狮身羊面像矗立在卡纳克神庙的甬道上。

帝王谷

SHIJIE TANSUO FAXIAN XILIE

"谁扰乱了法老的安眠,「死神之翼」将降临到他的头上。"这恐怖的咒语,就刻在帝王谷中图坦卡蒙的陵寝中,但咒语也未能挡住贪婪者的脚步,帝王谷很快被洗劫一空。

帝王谷位于尼罗河西岸,距岸边 7 千米,这里埋葬着古埃及第十七王朝到第二十王朝的 62 位法老。在埃及,除了蜚声世界的金字塔外,最令人向往的地方就是帝王谷。

帝王谷坐落于离底比斯遗址不远处的一片荒无人烟的石灰岩峡谷中。在那断崖底下,就是古代埃及新王国时期(公元前 1567 - 前 1085 年)安葬法老的地点。几个世纪以来,法老们就将墓室开凿在尼罗河西岸的这些峭壁上,这些墓室就是用来安放他们尊贵遗体的地方。同时这里还建有许多巨大的柱廊和神庙。这里曾经是一处雄伟壮观的墓葬群,大约六十多座帝王的陵墓都位于这里,埋葬着图特摩斯一世和图特摩斯三世、阿蒙霍特普二世、塞提一世、拉美西斯二世等埃及法老。

在帝王谷中,1922 年发掘出图坦卡蒙法老墓,他的墓中藏宝最为丰富。现在图坦卡蒙法老的木乃伊仍然安置在墓室之中,在墓室正面的墙上,还绘有以奥塞里斯神形象出现的图坦卡蒙法老,上面还有他的继位者阿伊王。

图坦卡蒙的棺椁共有 7 层,外面是 4 层木质棺椁,里面 3

层分别为石棺、硬木人形棺和黄金人形棺。最内层的黄金人形棺竟然是用整块的纯金片打制而成的，长 1.8 米、宽 0.5 米、重 134.3 千克，上面还用蓝宝石、琉璃等进行了装饰。棺内是图坦卡蒙法老的木乃伊，木乃伊的面部佩戴着黄金面具。这个面具高 0.54 米、宽约 0.4 米，色彩绚丽，称得上是稀世之宝。

在图坦卡蒙陵墓中，有很多法老的咒语，如那句著名的"谁打扰了法老的安眠，'死神之翼'将降临到他的头上"。现代人从没将其当真，只是将其看做用来吓唬盗墓者的诅咒。可是事有凑巧，截至 1930 年底，先后有 22 位与图坦卡蒙的陵墓直接或间接扯上关系的人都死于非命，其中有 13 人直接参与过陵墓的挖掘。据说这是"法老的诅咒"起了作用，一时令世人恐慌不已。

目前帝王谷中最后被发现的一座法老墓是图特摩斯三世的陵墓，这座陵墓也是唯一一座未遭破坏的法老墓，墓内的线条构图十分漂亮，墓中的陪葬品也非常奢侈，现在这些物品都进入了博物馆中。

为了防止盗墓，图特摩斯一世把岩洞陵墓修建在了帝王谷，然而，他万万没有想到，历史却将帝王谷变成了盗墓者的天堂。

那些法老们在死后得到极尽奢华的安置,在那些盗墓者眼里,诱惑实在太大了,那里每一座墓室的财富数量都远远超过最贪婪者的梦想。在帝王谷中,为了便于集中守护,法老们选定的墓穴位置都彼此靠近,不像过去那样分散,然而这恰恰给盗墓者提供了方便。不知从何时开始,一批批的盗墓者来到帝王谷周围,他们用尽各种方法,进行疯狂的盗墓活动。图特摩斯一世的遗体在那里平安待了多久不得而知,但他的后辈图特摩斯四世下葬不到 10 年,陵墓就被盗墓者洗劫一空,最让人无法容忍的是,在墓室的墙上,盗墓者还留下了得意的留言。在 500 年间,帝王谷中的每一座墓室都无一例外地遭到了洗劫。后来的法老们只好一次又一次地将他们的先祖改葬。据说拉美西斯三世的遗体前后改葬了三次,阿赫密斯、阿门诺菲斯三世、图特摩斯二世以及拉美西斯大帝的遗体也都曾被改葬别处。

到最后,由于无论如何也找不到合适的地方,法老只好将几具,甚至十几具法老木乃伊堆放在同一个地方。曾经有一位开罗博物馆的工作人员仅在一个秘密洞穴中就发现了四十多具法老木乃伊。

朝代更迭,时光流转,3 000 年转瞬即逝,在这段时间里,一批又一批的盗墓者翻遍了这片山谷,帝王谷最终被彻底废弃,成了一片破败不堪的荒漠。可以想象,这里的陵墓遭到了怎样的浩劫——这个被四周的山脉所包围的荒凉峡谷,充满了死亡的阴影。曾经布置奢华的洞穴已被洗劫一空,许多洞穴的入口敞开着,成为野狐、蝙蝠等动物的巢穴。然而,尽管帝王谷已经破败不堪,还是有一些贪婪者在每一个已遭破坏的洞穴里寻觅着、搜寻着。

那些权势威重一时、享受无比奢华的法老们本想选择隐蔽的帝王谷作为自己的安息之所,他们却未曾料到,就是那些让自己继续享受的奢华陪葬品,引来贪婪者的目光,扰乱了自己的安息,无法再得到永恒的安眠。看来,钱财之累,总是令人始料不及的。

世界探索发现系列

Diqiu Shengjing Tanxun

地球胜境探寻

4

大洋洲

DaYangZhou

悉尼歌剧院
SHIJIE TANSUO FAXIAN XILIE

作为 20 世纪世界七大奇迹之一的悉尼歌剧院，不仅是悉尼艺术文化的殿堂，更是悉尼的灵魂。在这里，每天的观光游客络绎不绝，在歌剧院前流连徘徊。

知识链接

澳大利亚是一个由澳大利亚大陆和塔斯马尼亚等岛屿组成的国家，位于南太平洋和印度洋之间。其面积达 769.2 万平方千米，人口 1916 万。该国以艾尔斯巨石、大堡礁、悉尼歌剧院闻名于世。

作为悉尼市的大型综合性文艺演出中心，悉尼歌剧院以独特的建筑形象著称于世。它建在悉尼港内一块伸入海面的地段上，三面临水。歌剧院包括大、小两个音乐厅，一个歌剧厅和一个剧场，共有九百多间附属用房。悉尼歌剧院设备完善，使用效果优良，是一座成功的音乐、戏剧演出建筑。那些濒临水面的巨大的白色壳片群，像是海上的帆船，又如一簇簇盛开的花朵，在蓝天、碧海、绿树的映衬下，婀娜多姿、轻盈皎洁。这座建筑被视为世界的经典建筑而载入史册，是当今最出色的建筑设计之一。

悉尼歌剧院在任何时候都被认为是澳大利亚最大胆的建筑作品，人们对它的描述五花八门，例如"破掉的蛋"、"巨大的贝壳"、"巨浪"或"集合音乐台"。

悉尼歌剧院不仅是因为它的外形引人关注，它的建造过程也同样充满戏剧性。

曾经，澳洲没有一个高水平的音乐厅或歌剧院，到了 1950 年，澳洲人终于忍受不了这一尴尬的局面，于是在全世界范围内的建筑师中展开一场竞标：为拥有 300 万居民的悉尼市建造一座与之相配的歌剧院。1957 年，丹麦的建筑师约翰·乌特尚取得了竞标的胜利。他所设计的屋顶以大幅度展开，宛如巨大而纤细的船帆，令评审们印象深刻。

在执行这一宏伟计划的第一和第二方案时产生了令人吃惊的问题，首先是必须在贝尼隆半岛上增加建筑用地，而技术问题则是发生在铺设 67 米高由水泥柱支撑的拱形屋顶之时，如何用 350 千米长的缆绳对其加以固定？丹麦建筑师与他的客户发生了冲突，并愤然离开了悉尼，后来由 4 位澳大利亚的建筑师接替他的任务。同时地方政要们也为此计划起了争执，于是人们逐渐认为这整个计划是疯狂的。

完成这一工程的资金由最初预算的 700 万澳币增长为最终的 1.02 亿澳币，于是，为了专案集资，采取了发行乐透彩券的集资方式，免费的歌剧院门票也在奖品之内。由于最终需要 1.02 亿澳币才能完成此工程，于是奖品券的发行延长了很多年。歌剧院没能在计划的 5 年内完成而是花费了将近十六年的时间才得以竣工，这时所有的麻烦很快就被遗忘了。即使最初有许多人认为设计太过前卫，但现在已经再没有人会质疑悉尼歌剧院的美丽了。它不但超凡脱俗，而且十分和谐，拱形的屋顶上，覆盖着一百多片白色的瓦片，入夜以后，在泛光灯的照射之下，建筑物上增添了许多别样的光彩，大型的玻璃帷幕总面积达 6 223 平方米，上面镶嵌着闪闪发光的黄绿色玻璃，在日光下交相辉映，熠熠生辉。

在建筑的内部，悉尼歌剧院已经远远超出它作为一个世界级歌剧院的意义了。在设计高雅的屋顶下，有剧院、音乐厅和电影院。悉尼歌剧院在任何一个见过它的人的心目中，都是一个难忘的杰出建筑。

歌剧院也为悉尼增添了新的历史意义。世界上的知名乐队、舞蹈家、歌唱家以及剧团等都以能在悉尼歌剧院演出而备感荣耀。这座圣洁而恢弘的建筑如静卧在海边的贝壳，如从天际驶来的远帆……它的美深深地烙印在每个人的心中。

号称『世界七大奇景』之一的艾尔斯岩，以其雄峻的气势巍然耸立于茫茫荒原之上。它又被称做『乌卢鲁巨石』『人类地球上的肚脐』，并因其有着富于变幻的神奇色彩而被世人瞩目。

艾尔斯岩

SHIJIE TANSUO FAXIAN XILIE

在澳大利亚中部有一片一望无垠的荒原地带，大自然鬼斧神工地劈凿出好几处奇绝景观，其中最负盛名者，当推艾尔斯岩。艾尔斯岩高 348 米、长 3 000 米，底部周长约八千五百米，东侧高宽而西侧低狭，是世界上最大的独块石头。它气势雄峻，犹如一座超越时空的自然纪念碑突兀于茫茫荒原之上，在耀眼的阳光下散发出迷人的光辉。

艾尔斯岩，又名乌卢鲁巨石，是位于艾丽斯斯普林斯西南四百七十多千米处的巨大岩石。只要沿着一号公路往南，车程约五个小时，就可以看到这世界上最大的单一岩石——艾尔斯岩。也有人称艾尔斯岩为"乌奴奴"，这来自于当地的土著语，意指"有水洞的地方"。艾尔斯岩生成于 5 亿－6 亿年以前，号称"世界七大奇景"之一，艾尔斯岩俗称为"人类地球上的肚脐"。因为它久历风吹雨打，所以岩石表面特别平滑。

艾尔斯岩是一位名叫威廉·克里斯蒂·高斯的测量员发现的。1873 年，这位测量员打算横跨这片荒漠，当他又饥又渴的时候，突然发现眼前出现这块与天等高的石山，开始他还以为是一种幻觉，难以置信。高斯是从南澳洲来的，所以就用当时南澳洲总理亨利·艾尔斯的名字为这座石山命名。

现在，艾尔斯岩所处的区域已被列为国家公园，每年有数十万人从世界各地纷纷慕名前来，观赏巨石的风采。

艾尔斯岩不是石山，而是一块天然的大石头，这让人十分

惊奇,然而这块世界上最大的石头是怎么形成的呢?

有人说,它是数亿年前从太空上坠落下来的流星石,2/3 沉入了地下,而仅仅 1/3 露出了地面,就已经是如此骇人了。

还有人说,这是 1 亿 2 千万年前与澳洲大陆一起浮出水面的深海沉积物,然而此说却无从考证。

目前最为科学的解释是:艾尔斯岩的形状有些像两端略圆的长面包,底面呈椭圆形。岩石成分主要是砾石,含铁量很高,所以它的表面因氧化而发红,整体呈红色,所以又被称做红石。由于地壳运动,阿玛迪斯盆地向上推挤形成大片岩石。3 亿年前,又发生了一次神奇的地壳运动,将这座巨大的石山推出了海面。

经过亿万年来的风雨沧桑,大片砂岩已经被风化为沙砾,只有这块巨石有着独特的硬度,整体没有裂缝和断隙,抵抗住了风剥雨蚀,成为地貌学上所说的"蚀余石"。不过长期的风化侵蚀仍然有一定的成果,它的顶部被打磨得圆滑光亮,并在四周陡崖上形成了一些自上而下的、宽窄不一的沟槽和浅坑。所以每到暴雨倾盆时,巨石的各个侧面飞瀑倾泻,非常壮观。突兀在广袤的沙漠上,艾尔斯岩如巨兽卧地,又如饱经风霜的老人,在此雄伟地耸立了几亿年。

　　艾尔斯岩是大自然中一位美丽的模特,随着早晚和天气的改变而变换各种颜色。一般来说,巨石一日之内随着时间会变换7种颜色,简直精妙绝伦!

　　黎明前,巨石穿着一件巨大的黑色睡袍,安详地睡在那广袤无垠的大地之中;清晨,当太阳从沙漠的边际冉冉升起时,巨石仿佛披上了浅红色的盛装,一副少女出水芙蓉般的娇媚;到中午,则穿上橙色的外衣,显得非常安逸;而当夕阳西下时,巨石则姹紫嫣红,在蔚蓝的天空下,就像熊熊燃烧的火焰;夜幕降临时,它又匆匆换上黄褐色的外套,风姿绰约;风雨前后,巨石又披上了银灰或近于黑色的大衣,显得深沉、宁静、刚毅而厚重。如果遇到狂风大作、雷电交加的天气,就无法攀登巨石,并且观赏它那变化多端的色彩了,因为取而代之的是另一番壮观景色——巨石瀑布。大雨过后,无数条瀑布从"蓑衣"上疾淌直下,一副千条江河归大海的壮观景象。总之,我们很难用语言把巨石富于变幻的色彩描绘出来,若想真正体验,只能身临其境。

　　关于艾尔斯岩变色的原因,地质学家的说法有很多,但是大多数都认为这与它的成分有关。艾尔斯岩实际上是岩性坚硬、密度较大的石英砂岩,岩石表面的氧化物在一天阳光的不同角度照射下,就会不断地改变颜色。因此"多色的石头"并不是什么神秘的法术,只是大自然的造化罢了。

弗雷泽岛
SHIJIE TANSUO FAXIAN XILIE

　　弗雷泽岛与其他小岛迥然不同,它色彩斑斓,给人一种童话般的奇妙感觉。岛上气候湿润、景致优美,散发着勃勃生机。在这样一片安宁绝美的乐土上你会找到心底最美的风景。

　　弗雷泽岛绵延于澳大利亚昆士兰州东南海岸,在布里斯班东北边,长122千米,面积约一千六百二十平方千米,是世界上最大的沙岛。移动的沙丘、彩色的砂石悬崖、生长在沙地上的雨林植物、清澈见底的海湾与绵长的白色海滩,世界上半数的淡水沙丘悬湖,构成了这个岛屿独一无二的景观。

　　弗雷泽岛是由数百年前大陆南方的山脉受风雨侵蚀而形成的。风把细岩石屑刮到海洋中,岩石屑又被洋流带向北面,慢慢沉积在海底。冰河时期海面下降,沉积的岩屑露出海面,被风吹成大沙丘。后来海面回升,洋流带来更多的沙子。植物的种子被风和鸟雀带到岛上,并开始在湿润的沙丘上生长。植物死后形成了一层腐殖质,使较大的植物可以扎根生长,沙丘便被固定住了。现在,全岛均是金黄色的沙滩和沙丘。有些地方耸立着红色、黄色和棕色的砂岩悬崖。砂岩悬崖被风浪冲刷成锥形和塔形的岩柱。

　　弗雷泽岛不同于一般的沙丘小岛,沙丘有黄色、褐色、茶色和红色,色彩迷人,形状各异,给人一种童话般的感觉。岛上的沙丘有的是经过70万年地质变化形成的,有的是近千年经海水冲刷堆积而成的。弗雷泽岛上遍布着广阔的原始热带雨林,这是世界上唯一被发现的生长在沙滩上、高度超过200米的热带雨林植物。另外在岛上还分布着四十多座大小不等的沙丘悬湖,构成了独特的大自然奇观,这是因为沙丘中长期低洼的地方形成隔水层,堆积的雨水经过细沙过滤,在阳光的照耀下,形成碧绿的湖水,蕴藏着多种生态宝藏。

　　弗雷泽岛的雨量异常充沛,年降雨量可达

知识链接

　　澳洲野狗在英语中有一个专门名词:Dingo。弗雷泽岛作为澳洲野狗在澳大利亚东部的唯一栖息地,吸引了科学家的注意。经过比对DNA研究发现,澳洲野狗的祖先是5 000年前被带到该大陆的印度尼西亚家养宠物狗。

文水景观

　　弗雷泽岛风光优美，自然景色舒适宜人，这里以水文景观最为著名。

1 500毫米。因此在岛下形成了一个巨大的淡水池，蓄水量约两千万立方米。沙丘之间还有四十多个淡水湖，其中包含了世界上一半的静止沙丘湖泊，这大大促进了沙丘植物的兴衰循环。布曼津湖，这个世界上最大的静止湖泊是弗雷泽岛最美丽的地方之一。

　　在高达240米的悬崖后面生长着种类繁多的植物。上面森林茂密，喜欢潮湿的棕榈和千层树在积水的地方生机勃勃；柏树、高大的桉树、成排的杉树，以及非常珍贵的考里松也都在此"安家落户"。这些林地成为很多动物的家园。世界上有超过300种原生脊椎动物，而生活在这个岛上的就多达240种，其中包括极为珍贵的绿色、黄色雏鹦哥。这种鹦鹉科鸟类，喜欢在靠近海岸的洼地和草原上活动。以花和蜜为食的红绿色金猩猩鹦哥，为密林增添了艳丽的色彩。地鹦鹉、葵花凤头鹦鹉和大地穴蟑螂也是岛上的常住居民，因为在这里它们少有天敌。岛上的哺乳动物数量很少，但是这里却是澳洲野狗在澳大利亚东部的唯一栖息地。岛上的沙丘湖由于纯净度高、酸性强、营养含量低，很少能见到鱼类和其他水生生物。一些蛙类却非常适应这种环境，特别是它们跃出水面的样子。

弗雷泽岛东海岸美丽的海滩绵延 70 千米，是岛上风景最美丽的地方。岛上的几个湖泊美得令人感觉如入幻境。最有代表性的是马凯斯湖，蓝色的湖水层次分明，与纯白色的沙滩构成一幅美丽的图画。马凯斯湖附近的小道可供游人散步并观赏热带雨林迷人的风姿。弗雷泽岛度假村的硬木地板和屋顶檩条使游人感觉到它的与众不同。温馨的氛围使游人有在家中一般轻松自在的感觉。同样是安宁绝美的所在，同样是遗世独立的乐土，弗雷泽岛仿佛比天国更暖和、更湿润，而且色彩鲜明，生机勃勃。因此，如果只有一张单程票，就让我们放弃天堂，选择弗雷泽岛吧！

一种被称为"酸蛙"的动物，它们能忍受湖中的酸性而悠闲地生活。弗雷泽岛的高潮与低潮之间有大片的浅滩，这些浅滩为过往的迁徙水鸟提供了最好的中途栖息地。岛上的小湖和溪流成为野生动物的饮水源，这些动物中还包括澳大利亚野马。它们其实是运木材的挽马和骑兵军马的后裔。每年的 8 月至 10 月，弗雷泽岛附近的海面上，还常常能看到巨大的座头鲸喷出的水柱，以及

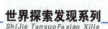

豪勋爵群岛

SHIJIE TANSUO FAXIAN XILIE

豪勋爵群岛是一座孤立的海洋群岛,它由第三纪火山喷发而成。岛上气候温润,有着"永恒的春季"的美誉。漫步岛上,伴着鸟儿婉转的歌声,体会清风拂面的惬意,恍若进入了美妙绝伦的仙境。

知识链接

棕榈,亦称"棕树",属于常绿乔木。干直立,为叶鞘形成的棕衣所包。叶大,集生干顶,掌状深裂,叶柄有细刺。夏初开花,穗、花序生于叶间。核果近球形,淡蓝黑色,其树干可做亭柱,叶柄基部的棕毛可入药。

豪勋爵岛是澳大利亚豪勋爵群岛中的一员,位于悉尼东北方 702 千米处的南太平洋海域,是一座由火山灰形成的小岛,归属于澳大利亚新南威尔士州,迄今已有 700 万年历史。

豪勋爵群岛是一座典型孤立的海洋群岛,由海下两千多米深处的火山喷发而成。直到现在,火山喷发的遗迹依然会出现于这块地理特征奇异的土地上。

豪勋爵岛是该群岛中独具特色的岛屿,主要由第三纪的火山喷发而成。状似一弯新月,岛长 11 千米,宽 1.5 千米,面积 14.4 平方千米。一些陡峭的悬崖构成了岛屿的东海岸。岛屿的东南部坐落着两座火山,里德伯德山和高沃山,上面分布了许多石灰岩洞穴,中部为低地。1788 年,亨利·雷得伯德·鲍尔上尉发现了豪勋爵群岛。

1882 年,澳大利亚政府调研组来到这里,第二年这里出现了第一批在此定居的居民。到了现在,豪勋爵群岛上的常住居民已有三百余人。为了保护当地珍稀野生动植物,1982 年,该地被宣布成为国家公园。豪勋爵群岛国家公园美丽而自然,岛屿东侧的海洋波澜壮阔;西侧是一个巨大的泻湖,游泳爱好者在此可以尽情地畅游。

豪勋爵岛的气候温和,被形象地描述为"永恒的春季"。这里雨水十分充足,且降雨四季分布均匀,因而植被覆盖丰厚。植物计有 379 种,其中 74 种是世界上独一无二的品种,数量最多的是雨林和棕树林。岛上有两种棕榈,合称为肯特亚棕榈,其中一种最高达 20 米,分布在低处的沙地

珊瑚礁

　　豪勋爵群岛位于地球最南端的珊瑚礁，组成这座珊瑚礁的成分比较复杂。

上。另一种棕榈形同一株小树，果实特别小，呈黄绿色，在岛上随处可见。

　　豪勋爵群岛上生活着远古时代延续下来的生物以及岛上特有的鸟类，这个群岛以其峻峭的地势及其所拥有的众多珍稀动物物种，尤其是种类繁多的鸟类而著称于世。整个群岛有相当多的地区是海鸟的栖息地。据专家研究，鸟类中有 129 种是越过大洋飞到该岛上的，而其中又有接近 10 种鸟正濒临灭绝。喜泽鹊是豪勋爵岛上的特产鸟，这种鸟的外形比新西兰的几维鸟还要小，形体特别纤弱。经常出没于林区，是受到重点保护的鸟类。据统计，在加强保护之前，喜泽鹊的数量仅有 30 只。为了保护喜泽鹊，该国家公园聘用了专业的护林员，在林中不断巡逻监视，此外，护林员还进行喂养鸟、帮助其孵卵等工作。如今，这些努力已经取得了成效，喜泽鹊的数量已经增长到了 220 只。

　　小岛周围的原始水域中，游弋着四百九十多种鱼，还生长着九十多种色泽艳丽、千姿百态的珊瑚。

　　沿着澳大利亚东海岸线，我们会看到堪称"世界上最美丽的岛屿"之风采。在这里可以悠闲地漫步于景色宜人的树丛中，或者伴着藏匿于沙滩、峡谷中的小鸟的动听的歌声，骑着脚踏车在树林中兜风，这些都会令我们心情舒畅、怡然自得，恍若进入一种美妙绝伦的仙境。

蓝山山脉

SHIJIE TANSUO FAXIAN XILIE

桉树挥发的油脂，在阳光的折射下呈现出神奇的蓝色，这便是蓝山这个美丽名字的由来。蓝山山脉因其秀丽的风光、清爽怡人的自然气候，以及其中蕴涵的天然景致吸引了众多的游客。

蓝山山脉国家公园以格罗斯河谷为中心，西起斯托尼山，东至加勒比海岸，长约五十千米，由三叠纪时期的块状坚固砂岩积累而成，占地约两千平方千米，拥有众多海拔在1500米以上的山峰，10 300平方千米的砂岩平原，在其间的陡坡峭壁和峡谷上生长着桉叶植物。

蓝山气候宜人，雨量充沛，茂密热带森林覆盖其上。蓝山山脉拥有三姐妹峰、吉诺蓝岩洞、温特沃思瀑布和鸟啄石等天然名胜。蓝山因众多桉树挥发出的油滴在空气中经过阳光折射呈现蓝光而得名。蓝山地区为桉叶等植物提供了各种典型生长环境，这也使蓝山地区拥有占全球桉叶种类的13%的90类桉叶植物，114类具有地域特征的植物和120种国家稀有植物和濒危植物。此外，在蓝山还发现了几种只能在很小范围的地区内寻觅到的古代遗留物种，这些物种现在非常稀少。

琴鸟是澳大利亚特有的动物，也是蓝山山脉的一道独特景观。因雄性琴鸟尾巴羽毛酷似古时西方的竖琴而得名。

琴鸟不但因雄琴鸟的艳丽尾羽而著名，其表明自己的霸主地位和吸引异性的炫耀行为，也同样独特。雄琴鸟往往会就地取材，以林地上的废物搭建自己的表演舞台。之后，雄琴鸟一面展尾开屏，展现其漂亮的羽毛，一面发出嘹亮的叫声，随着自己歌声翩翩起舞，偶尔还会出现"巡回演出"的现象，多达10余只的雄琴鸟轮流到各自的舞台表演。

琴鸟聪明伶俐，可以惟妙惟肖地模仿上百种鸟类或其他动物的声音，甚至也包括人类。这方面的本领，雄琴鸟比雌

琴鸟更厉害,几乎没有什么声音是不能被琴鸟逼真地模仿的。

吉诺蓝岩洞是经过亿万年地下水流冲刷、侵蚀而形成的,深邃莫测且雄伟绮丽。主要有王洞、东洞、河洞、鲁卡斯洞、吉里洞、丝巾洞及骷髅洞等洞穴景观。1838年吉诺蓝岩洞被欧洲人发现,新南威尔士州政府约在1867年将其列为"保护区"。洞内在灯光的照射下,钟乳石、石笋、石幔光芒四射,光怪陆离。王洞中的钟乳石石笋相接,又长又尖;石笋像伊斯兰教清真寺庄严肃穆的尖塔。河洞中的巨大钟乳石形成气势非凡的"擎天一柱",鲁卡斯洞的折断支柱等都是大自然创造的奇观。

知识链接

琴鸟的体形较大,略似母鸡,通体浅褐色。整个尾形颇似古希腊七弦竖琴。有华丽琴鸟和艾伯氏琴鸟两种。琴鸟生活于热带雨林的密林中,它们擅长效仿其他鸟类的鸣声,甚至可效仿某些兽叫和人语。

三姐妹峰距悉尼约一百千米,峰高450米,耸立于山城卡通巴附近的贾米森峡谷之畔。三姐妹峰险不可攀,1958年在其上修建的高空索道,是南半球最早建立的载客索道。三姐妹峰的三块巨石如少女并肩玉立,故因此得名。传说巫医的三个美丽女儿为防歹徒加害,在其父运用魔骨的巫术下化为岩石。其后,魔骨在巫医与敌人的搏斗中丢失,她们也因此无法还生。峰下飞翔的琴鸟,传说就是仍在寻找魔骨的巫医的化身。

蓝山山脉的温特沃思瀑布飞泻而下,落入下面300米深的贾米森谷底。纵观瀑布,高原和山峰在云雾中若隐若现,大瀑布如银花飞溅,气势磅礴。

塔斯马尼亚荒原
SHIJIE TANSUO FAXIAN XILIE

由强烈冰川作用形成的塔斯马尼亚荒原是一个多姿多彩、物种丰富的地区。它以独有的陡峭险峻而成为世人瞩目的焦点。迄今为止,这里依旧完好地保存着温带雨林的原始自然风貌。

知识链接

桉树为澳大利亚国树,桃金娘科,一般为常绿乔木。叶通常互生,多为镰刀形,有柄,羽状脉。其木材一般坚韧、耐久,可供枕木、矿柱、桥梁、建筑等用材。叶和小枝可提取挥发油,供药用或做香料和矿物浮选剂。

澳大利亚的塔斯马尼亚荒原长期受到冰河的作用,那些冰蚀地区以及冰蚀公园,占地约一百万平方千米。它们特有的险峻和陡峭,构成了世界上仅有的几个大型的温带雨林之一。石灰岩溶洞内的遗迹可以证实,人类在这一地区有超过 20 000 年的生存历史,而发现石灰石洞则可以证明,这里早在两万多年前就已经被冰蚀占领。塔斯马尼亚岛上残存着最完好而广阔的古代雨林,但 1/4 以上的岛屿依然是真正的荒原。

大约 2.5 亿年前,塔斯马尼亚和澳大利亚的其他地区,还有新西兰、南极洲、非洲和印度,都是巨大的冈瓦纳南大陆的一部分。这巨大古陆占全球陆地的一半以上,剩下的大部分地区都覆盖着温带雨林。

现在,在塔斯马尼亚地区已经发现了温带雨林的最佳残存区。大部分雨林都包括在 10 813 平方千米的区域内,这个区域构成了塔斯马尼亚的世界荒原遗产地。这里主要有四个国家公园、两个保护区、两个州立公园和许多州立森林。

目前,任何一种真正意义上的荒原都已经成为了名副其实的日趋稀有的商品,这一大片雨林是一种独特的、已被认真保护和珍藏的珍贵资源。

塔斯马尼亚荒原从海岸开始,一直延伸到海拔高度 1 615 米以上的塔斯马尼亚中心。在温带海岸雨林的沿海一侧,生长着常绿树,又生长有落叶树。在这样潮湿温和的气候条件下,许多种植物枝繁叶茂,高耸入云。

塔斯马尼亚温带雨林和热带雨林的显著差别在于,虽然林下的植物和附生植物,如苔藓、蕨类和地衣等为争立足之地而长势旺盛,但是塔斯马尼亚的树种极少。特有树种包括桃金娘科的山毛榉，还有比利王松，它们名副其实地代表着冈瓦纳古陆雨林的真正残余种类。

有些地区还长有桉树，这是世界上最高的显花植物，形成一个高达91米的高耸树冠层。在地势较高的地区，高山植物为生存而抗争，树木因严寒、狂风而生长受阻，疙瘩丛生。

澳大利亚因为与冈瓦纳大陆相分离，逐渐形成了靠有袋目和单孔目哺乳类动物组成的独特动物体系；塔斯马尼亚岛又进一步分离，产生了许多该岛特有的动物。

塔斯马尼亚距离澳大利亚南海岸200千米，是一个与世隔绝的蛮荒世界，面积和爱尔兰差不多。它因出产一种奇异的动物而闻名于世。这种动物有狼一样的身体，巨大的嘴巴是它的有力武器。1930年，塔斯马尼亚的一个农夫见到并打死了一只奇异的动物，这次看似简单的狩猎让世人扼腕叹息。农夫并不知道他的子弹不仅仅是结束了一只动物的生命，而且还给一个物种敲响了丧钟，这个奇异的动物就是塔斯马尼亚虎。

之后，每年都会有很多意外发现塔斯马尼亚虎的证据出现，虽然其中绝大部分无法确定，可靠性还有待考证，但很多人却宁愿相信塔斯马尼亚虎仍然存在。在1995年，一个森林巡逻员还说他肯定看见了塔斯马尼亚虎，而很多动物学家也始终相信，塔斯马尼亚虎一定存在于森林中

五 静谧的塔斯马尼亚

塔斯马尼亚似乎就是为人们的徒步做准备的，这里悠然自得，毫不拥挤。

的某个角落抚育后代,这个种族依然在传承。塔斯马尼亚虎是一种食肉的有袋类动物,一颗大脑袋长得很像狼,但它们是一种狡猾却又十分害羞的动物,并不能完全称之为"虎",它长着类似狼的脑袋和狗的身子,是现代最大的食肉有袋动物,又被称做塔斯马尼亚袋狼。它的尾巴像袋鼠,但尾巴基部宽大、坚挺,甚至不能摆动。身上有虎皮斑纹,后腿像袋鼠的腿,腹部还有育儿袋,看上去像袋鼠,而实际上更像狼。塔斯马尼亚虎曾生活于澳大利亚、巴布亚新几内亚和塔斯马尼亚岛。

在澳大利亚150种有记载的鸟类中,最珍稀的鸟类应该是黄腹鹦鹉。它们色彩斑斓,主要栖息于小丛树木分布的多沼泽区及草原地区等。在繁殖时节,它们大多成对或是以小群体活动。而且黄腹鹦鹉生性胆小害羞,无法接近,一旦受到惊扰,便会迅速飞到高空中,它们一般会在塔斯马尼亚岛和邻近岛屿之间进行迁移。

毫无疑问,塔斯马尼亚是一个多姿多彩、物种丰富的自然之岛,那里有纯净的水源和天然沃土所孕育的新鲜土特产,还有一流的葡萄酒和未被污染的海滩、山林胜景、众多风景如画的村庄,那里也是玫瑰、水仙和郁金香处处盛开的天然花园……

地球胜境探寻

Diqiu Shengjing Tanxun

5

美 洲

MeiZhou

加拿大电视塔
SHIJIE TANSUO FAXIAN XILIE

坐落在加拿大名城多伦多市的加拿大国家电视塔，因其独一无二的建筑高度吸引了众多游客来此参观游览。登上此塔，全城美景尽收眼底，其壮观景象无以言表。

加拿大国家电视塔位于加拿大安大略省的多伦多市，塔高553.3米，是多伦多市的标志性建筑，同时也是世界上最高的自立构造建筑，每年来此参观的游客超过200万。

1973年2月，电视塔的建造工程正式开始。1974年2月22日，在工人们的努力下，浇铸混凝土的工作全部完成。整个工程进入了安装巨型广播天线的阶段。这些天线由44块巨大的金属块组成，其中最重的一块达8吨。

在广播天线的安装过程中，巨型起重机发挥了重要作用。起重机将金属一块块运到半空，然后，高空作业人员再对其进行安装、焊接，广播天线由此而建成了。至1975年3月31日，电视塔以553.3米的高度终于突破了世界纪录，正式成为世界第一高塔。

知识链接

加拿大电视塔的观景台内墙中嵌着一个"时间宝瓶"，里面装着当时加拿大总理、各省省长的贺信、小朋友的贺信，以及各报刊关于电视塔开放的新闻、影像资料等。这个宝瓶将于高塔建成100周年之际打开(2076年)。

这座耗资6 300万加元的世界高塔，不仅以高度取胜，同时它的实用价值也是无可估量的。在1960年，多伦多市中心区建造了许多摩天大楼，使天际线急速改变。原有的电视发射塔发射的广播电视信号受到严重影响。要解决这一问题，就需要一个更加高大的信号发射塔横空出世。当时，正处于工业迅速发展期的加拿大，凭借高塔的建立，解决了广播电视信号传播的问题。

电视塔自下而上由基座、高空楼阁、太空平台和天线塔四部分组成。基座呈三角柱体，内部设施齐全，有纪念品商店、天气预报电子显示屏、快餐厅、小电影院、儿童乐园等。高空楼阁位于335米高的地方，是塔的心脏部分。其外形酷似一只轮胎，内部设有观察平台、旋转餐厅和夜总会。在旋转餐厅，游人可以一边品尝美味佳肴，一边体会登高远望的滋味，有雅兴者还可以在此

一展舞姿。餐厅每隔 65 分钟旋转一次，使游人在享受美味的同时，体会悬于高空的奇妙感觉。从这里往下看，数十层高的大楼就像孩子们堆成的积木，行驶在大街上的汽车则像甲虫一样缓缓蠕动，而宽阔的安大略湖此刻也变成了一泓清潭。在此，可以观察全城交通状况，随时播报路面信息。

距地面 447 米高的太空平台是世界上建筑物中最高的观察台。观察台的设立满足了游人极目远眺的欲望，但由于平台本身的高度已使游人陷于云层的重重包围中，所以视野往往只能局限于狭小的范围内。

电视塔内装有四部高速透明电梯。每小时可将 1 500 名游人送达观察平台。当游人随着电梯上升的时候，眼前的多伦多市逐渐变小，最终全部景色尽收眼底。自加拿大电视塔于 1976 年落成开放以来，每年有二百多万游客慕名而来。

落基山脉

SHIJIE TANSUO FAXIAN XILIE

落基山脉是北美大陆重要的气候分界线和河流分水岭。落基山脉的高山峰顶多冰川地貌，中段和南段的植物垂直分布显著，游人可在这里观赏到不同风光。

落基山脉的名称源自印第安部落名，有时还译做"洛矶山脉"，这座山脉是美洲科迪勒拉山系在北美的主干，由许多小山脉组成，被称为"北美洲的脊骨"。

落基山脉绵延起伏，从阿拉斯加到墨西哥，南北纵贯约四千八百千米，几乎纵贯美国全境。整个落基山脉由众多小山脉组成，其中有名字的就有 39 条。大部分山脉的海拔达 2 000～3 000 米，有的甚至超过了 4 000 米，这些山脉高耸入云，白雪覆顶，极为壮观。如埃尔伯特峰高达 4 399 米，加尼特峰高达 4 202 米，布兰卡峰高达 4 365 米等。贾斯珀、班夫、库特内和约霍 4 个国家公园和罗布森山、阿西尼博因山、汉姆伯 3 个省立公园，它们组成了"加拿大落基山脉公园群"。

班夫国家公园是著名的避暑胜地，在 1887 年开放，成为加拿大第一个保护区公园，并由此建立了加拿大国家公园的体系。公园里有冰峰、冰河、冰原、湖泊、高山草原和温泉。班夫国家公园水秀峰奇，居北美大陆之冠。贾斯珀国家公园是公园群中最大的公园，园内有山川、森林，还有冰河和湖泊。发源于哥伦比亚冰原的阿萨巴斯卡河流经过这里，流入了风光迷人的大奴湖和马里奴湖。约霍国家公园和库特内国家公园都位于不

列颠哥伦比亚省，公园中的景观分布在冰雪覆盖的群山之间，更因为发现了"布尔吉斯页岩"而被列选为世界自然遗产。

落基山脉的另一大自然奇观便是形成于各个地质时期的山脉、峡谷、冰川和冰河的遗迹。这里仿佛是一座天然的自然博物馆，将人类学、生物学、考古学、地理学、气候学和环境生态学的知识融合在一起，以直观的方式呈现在游客面前。

落基山脉地区冰蚀地貌广布，高山地段还保存有现代冰川，特别是在北落基山脉。高大纵长的山体成为了北美大陆东西部气团运行的障壁，导致东西部降水量出现巨大差异，进而影响了气候的分布，构成北美洲重要的气候分界线。落基山脉以东地区，年降水量一般在500毫米以上，以夏雨为主；落基山脉以西，除北纬40度以北的太平洋沿岸和迎风坡外，年降水量都在500毫米以下，以冬雨为主，冬季气温高于同纬度的大陆东部。落基山区夏季温暖干燥，冬季寒冷湿润。

知识链接

落基山脉自下而上分布有草原、针叶林和高山草甸，自然景观十分丰富。同时，落基山脉还有大量铜、铅、锌、钼等有色金属。除了植物和矿产的分布，落基山脉的"布尔吉斯页岩"堪称地质奇观。

北美洲的所有大河几乎都源于落基山脉,这座山脉是重要的大陆分水岭。塔卡考瀑布以410米的落差发出巨响;被群山环绕的麦林湖、麦林峡谷是公园内不可多得的胜地;园内伯吉斯谢尔岩石里有一百五十多块寒武纪中期的海产化石,其中一些已不为今人知晓。

北落基山脉包括黄石公园北部,一直延伸至加拿大境内的山地。这部分山地过去冰川活动十分活跃,由于冰川的作用形成了特殊的地貌。山地复杂的地层结构和强烈的火山作用,使得这里孕育了丰富的有色金属矿藏,美国第二大铜矿就建立在这里,银、铅、锌等矿产量占美国的一半,铜矿石年产200万吨以上,非常有影响力。山地主要由沉积岩构成,庄严的山峰和"U"形山分别代替了松软的高原。

中部落基山地则以高原为主,中间有些山块。中部山地还有一个巨大的怀俄明盆地,四周高山环绕,气候干燥,年降雨量少于350毫米,几乎寸草不生,属于半荒漠景观地带。落基山脉雄伟壮观,风光独特,美国政府早在此地兴建了三座国家公园,即黄石公园、冰河公园和大台顿公园。

火山运动对这里的地质构造影响很大,复杂的地质构造产生了温泉和间歇泉,其中最有名的间歇泉就是黄石公园的"老实泉"。

南部落基山地包括怀俄明盆地以南、北普拉特河上游东岸向南的山地。这部分山地大多呈南北走向,平行罗列,到处可见山间小溪,水流清冽、山花摇曳,十分秀丽迷人。其中埃尔伯特山是最高的,也是整个落基山脉的最高点,海拔4 399米。终年覆盖积雪,形成奇特异常的冰斗、冰凌。

落基山脉地区动植物也十分丰富,享有盛名。黄松、道格拉斯黄杉、帐篷松、落叶松、云杉等针叶树种分布较广。凉爽的气候、茂密的森林、众多的野生动物、现代冰川、温泉等使落基山脉成为北美的重要旅游区,建有多处国家公园和野生动物保护区,每年吸引着数万名游客。

艾伯塔省恐龙公园

SHIJIE TANSUO FAXIAN XILIE

　　大约在 6 500 万年前,恐龙遭遇了一场特大的浩劫,此后,恐龙逐渐从地球上消失了。今天我们只能通过恐龙化石来研究当时的情景。

　　世界上最大的恐龙"公墓"——省立恐龙公园,位于加拿大艾伯塔省布鲁克斯附近的红鹿河岸的荒原上。这个恐龙公园与中国自贡恐龙博物馆、美国犹他州国立恐龙纪念馆并称为世界上具有恐龙化石埋藏现场的"三大恐龙遗址博物馆"。

　　1884 年,在红鹿河岸的这片荒原上,古生物学家蒂勒尔发现了著名的艾伯塔龙。1910–1917年,古生物学家在此发掘出六十多种、三百多具恐龙化石,几乎包括了所有已知的著名恐龙的化石。其中最古老的化石甚至可以追溯到 7 500 万年前。1955 年,省立恐龙公园成立。它以丰富的化石层、奇特的崎岖地带和罕见的沿河生态环境三大景观闻名于世。

　　据科学家解释,在 7 500 万年以前,现在的东艾伯塔地区是大片浅海边的低洼沿海平原。气候属于亚热带,和现在的北佛罗里达相近。在这里,生活着无数的动物,如鱼类、两栖动物、爬行

动物、原始哺乳动物、鸟类和恐龙，呈现出一片生机盎然的景象。

恐龙是四足爬行纲动物，行动笨拙，有一条纺锤形尾巴。有的恐龙体长达三十多米，并长有一个与庞大身躯相比显得非常小的脑袋。在中生代，恐龙曾经与其他爬行纲动物一起生活在潮湿、炎热的大森林中，后来可能因气候变迁而灭绝。

这里的恐龙有的长达几十米，重达四五十吨；有的体长还不到一米。这些恐龙中有食草的，也有食肉的，它们自由自在地生活在这里的陆地或沼泽附近，这里可以说是恐龙的世界。当这些恐龙死去时，躺在河道里和泥地上，其骨骼被新的层层泥沙掩埋。随着时间的推移，挤压在一起的骨骼泥沙结合在一起，矿物质也不断沉积，加之缺少氧气，便形成了坚硬的化石。经过更长时间的演化，新的沉积盖住化石并把它们保存起来。直到距今 13 000 年前的冰川时代末期，冰川擦损上层岩石，大量融化的冰水纵深冲入松软的沙石、泥石地层，有关化石的沉积物才显露出来。

经过科学的验证，省立恐龙公园的沉积物跨越了 200 万年，主要分为三个地层：熊爪地层在最上面，恐龙公园地层在中间，老人地层在最下面。地层位于亚热带沿海低地，接近于西部内陆水道，包含了无数的化石。最晚的地层是白垩纪晚期的地层，大约形成于七千五百万年前，时间跨度约有一百万年。

省立恐龙公园的第一大景观就是数量庞大、种类繁多、保存完好的恐龙化石，同时也是恐龙公园闻名遐迩的主要原因。这里有现已出土的六十多种 6 000 万 – 8 000 万年前的恐龙化石，分 7 科 45 属。加拿大国内外的古生物学者曾经疯狂地采集恐龙化石送往世界各地的博物馆。直到 1955 年，恐龙公园的建立，才使化石区正式受到法律保护，从此以后游人就只能在有关部门的组织下，到

知识链接

根据恐龙化石的埋藏地层可将其大致分为古生代化石和中生代化石。恐龙化石的形成与地质运动有极大关系，如果没有地质运动，恐龙化石是不可能存在的。

指定的地区参观游览。

省立恐龙公园内发现的化石种类相当丰富。爬行类有蜥蜴、龟、鳄鱼、恐龙;两栖类有蛙、蝾螈等;鱼类有白鲟、鲨鱼、雀鳝等;鸟类和哺乳类动物的化石在这里也被发现。公园中已发现的恐龙种类有:鸭嘴龙科、棱齿龙科、暴龙科、似鸟龙科、驰龙科、伤齿龙科等。

恐龙公园里有一座古生物博物馆,是以第一个在这里发现艾伯塔龙的古生物学家 J.B.蒂勒尔的名字命名的。艾伯塔龙属于肉食性的霸王龙,眼睛长在头骨较高的地方,强健的躯体由一对足形的盆骨支撑着。成年的艾伯塔龙约有 9 米长,少数个体可超过 10 米。目前人们已经发现了30 具艾伯塔龙化石,科学家还曾在同一地点发现了 22 具艾伯塔龙化石,可见它们有集群行动的习性。

古生物博物馆里陈列着一具完整的"艾伯塔龙"化石,还陈列着 1 种头甲龙、2 种角龙、4 种体形较大的鸭嘴龙的化石。博物馆里设有一个高大的温室,里面种植着一些古老植物,其中有一些还是曾与恐龙一起生活过的,其中的树蕨、苏铁、罗汉松以及一些寄生的有花植物,也曾是恐龙的食物。

省立恐龙公园的第二大景观是崎岖的岩石景观。公园内埋藏恐龙化石的地带十分崎岖,雨水侵蚀而成的沟壑纵横交错,山丘都是裸露的砂岩。因硬度不同,砂岩可分为若干层次,较坚硬的砂岩层覆盖在较松软的砂岩层之上,形成了蘑菇状小丘,被人称为"仙女壁炉"。

　　省立恐龙公园是艾伯塔省最温暖干燥的地区,有些溪流深深地切入了岩床。白垩纪页岩和砂岩暴露在外,被雕刻成了壮观的荒野景象。

　　省立恐龙公园的第三大景观是红鹿河两岸的生态环境。在干旱炎热的荒野中生长着仙人掌、黑肉叶刺茎藜和数种鼠尾草属植物;谷地的边缘是大草原;潮湿的河岸上生长着三叶杨和柳树以及唐棣、玫瑰、水牛果等灌木。公园里类似北美荒原的狭长地带,生物环境复杂多样。曲折蜿蜒的红鹿河冲刷出台阶状的地貌。阶地上草木繁茂,在许多地方还生长着罕见的植物。红鹿河穿过恐龙公园,不仅造就出平原、杨树森林、高灌木林和小块沼泽地相混杂的地貌,还为阶地上的蒿属植物提供了良好的生长条件,同时也为羚羊、加拿大狍子和黑尾熊等提供了天然的栖息环境。这里鸟类的数量也十分惊人,其中还有濒临灭绝的金鹰和草原隼。5月和6月是不错的观鸟季节,在三叶杨林中很容易看到鸣鸟、啄木鸟和水禽。其他的动物还有棉尾兔、丛林狼和白尾鹿等。在辽阔的草原上有时还可以看到叉角羚。

梅萨维德遗址

SHIJIE TANSUO FAXIAN XILIE

美国的一支地理科考队在科罗拉多高原的西南角考察时，曾发现过一个印第安人生活过的城寨遗址。科考人员在那里勘察一番后便急忙退了出来，对外界则秘而不宣……

在 1888 年 12 月一个明媚的清晨，美国科罗拉多州的两个人到西南边梅萨维德野外寻找迷路的牛。梅萨维德高出地表 610 米，是个大平台，它长 6.1 米、宽 4.6 米、海拔达 2 286 米。在几百万年里，山体被侵蚀得裂了缝，岩壁上还出现了许多天然悬垂物。这两个人登上了陡峭的峡谷，发现了巨大的卵形山洞。他们发现了一个废弃的居民区，这就是有名的"悬崖宫"。

梅萨维德，西班牙语意为"绿色的方山"。悬崖城寨的创造者则被称为"普韦布洛人"。普韦布洛也是西班牙语，意为"村庄"。这些名称是殖民主义造成的结果。因为这里最早被西班牙殖民者占领，所以这些地名都是以西班牙语命名。

人们总是称梅萨维德为"悬崖宫"。"悬崖宫"与现代城市最大的差异就是，它只是一个成簇房屋的聚居区，里面既没有相连的街道、集中的商店和厂房，也没有象征统治的政权机构。但在占地 210 平方千米的悬崖上，集中这么多的村落屋舍，有了手工业和简单的商业活动；上万人聚居在一起。显而易见，梅萨维德是一座由农业向手工业、商业过渡的聚居区，它已经初步具备了城市规模。相信这里如果没被毁坏，一定会成为与现代城市特征相似的宏伟城市。

梅萨维德尚存比较完整的聚居区域有三百多处，每处都由砖墙围护，还设有成套的住宅，有公共的庭院和宗教建筑物。这其中最大的聚居中心，是一座高楼宫殿，也就是两个放牧人发现的那座"悬崖宫"。全楼沿崖壁而建，布局紧凑。在高楼周围还建有圆形、方形的小楼。一栋

梅萨维德遗址

梅萨维德遗址梅萨维德印第安遗址于1978年被列为世界文化遗产。

长方形房屋的墙壁长达90米，内部间隔成150个房间；房屋下面挖开21个地穴，最大的地穴足有7间房间之大，据称这里是当地居民举行宗教仪式的地方。长屋北边还有一座"杯子房"，内藏430个杯子、盒子、饭碗和缸瓮，可能是祭器储藏室。

以云杉构成而得名的"云杉木楼"尤为著名，它包括114间住房和8间祭祀室，是一座203米长、84米宽的三层楼。

还有一栋由25个房间构成的楼房，楼顶房屋建在向外伸出的底楼的栋梁上，故称"阳台楼"。楼下还有小道可以通往地穴，每间地穴长约三米、宽2.4米。考古学家曾在这里的地穴中挖出过人体骨骼和陶器。

梅萨维德周围全是悬崖峭壁，野兽都很难攀登上去。壁面凿出一个个小洞，仅可容手指和脚趾插入。普韦布洛人正是依靠这些洞爬上爬下进出城寨的。显然，这是为了对付外族和野兽的入侵。

1276－1299年，梅萨维德曾出现了严重的干旱，水粮断绝。从天而降的自然灾害使得这里的人们向东逃荒，去寻找水源充足的地方来重建家园。"悬崖宫"从此被废弃。现在散居在北美各地的祖尼、霍庇、台瓦、凯烈等印第安人部落，祖先都是悬崖宫的普韦布洛人。

在中美洲和南美洲，玛雅人、阿兹特克人、印加人的印第安文化遗址不断被人们发现，层出

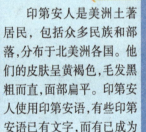

知识链接

印第安人是美洲土著居民，包括众多民族和部落，分布于北美洲各国。他们的皮肤呈黄褐色，毛发黑粗而直，面部扁平。印第安人使用印第安语，有些印第安语已有文字，而有已成为所在国官方语言之一。

不穷。有些古城建筑与旧大陆建筑相比,毫不逊色,其规模曾经达到过 10 万人之多。但在北美洲,却鲜有印第安人的文化遗迹。梅萨维德遗址的发现正填补了这一空白,证明了北美印第安人也曾经有过灿烂的文化。

考古证明,远在公元始初,北美印第安人已能熟练编织篮筐,栽种玉米。他们生活在洞穴或土垒的圆形小屋里。到公元 5 – 8 世纪,他们学会了制陶、种棉织布、建造地面房屋等。到了公元 7 世纪,梅萨维德人来到了这里,到 12 世纪,他们在这里已建立起了规模宏伟的悬崖宫。那时正处于母系社会,女子掌管家务和祭祀大权,日常生活中女人负责在陶器上彩绘染色,男人则从事农业劳动,并兼狩猎、纺织和制作陶器等工作。市集贸易兴起,实行物物交换。

从梅萨维德遗址中,人们可以看到当年蓄水灌田的水库和驯养火鸡的残迹,精美的石器、骨器、白底黑彩的陶器,以及手工织出的棉布。在陵墓中,人们还找到了保存尚好的木乃伊。这些足以证明,哥伦布来到新大陆以前,北美社会文化已经发展到极高的水平。

人们从 20 世纪 50 年代开始了大规模发掘和研究梅萨维德的工作,如今梅萨维德地区已建立了博物馆和图书馆,成为举世闻名的科研基地和旅游胜地。

金门大桥

SHIJIE TANSUO FAXIAN XILIE

　　金门大桥是世界著名大桥之一，被誉为近代桥梁工程的一项奇迹。整座大桥造型宏伟壮观、朴实无华，它横卧于金门海峡之上，如巨龙凌空，为旧金山的美景平添了一抹亮色。

知识链接

　　今天的人们又赋予金门大桥一个令人恐惧的名字——死亡之桥。据说从大桥建成以来，从桥上跳海自杀者已有上千人。工作人员已在桥上安装了监视器，尽管如此，自杀现象仍未能消除，从而引发了人们的思考。

　　金门海峡位于旧金山海湾入口处，并将其与太平洋分隔开。而金门大桥则是位于海峡之上的悬索吊桥。这座大桥由施特劳斯主持修建，桥长 1 981.2 米、中间跨度 1 280 米，由悬在 227 米高塔上的两根钢绳吊起。路面的中点高出平均水位 81 米，即使有大船行驶也畅通无阻。

　　大桥于 1933 年动工兴建，不久便遇到了困难：由于强大的潮汐流作用，使得在水下 99 米的平台上搭建南桥塔基的努力付诸东流。之后，在旧金山海湾的大雾中，一艘船撞击了海上工作台，致使台上工作人员遇难。秋季的暴风雨将大量的施工设备冲入海中，工程受到重重阻碍。最终，大桥的建造者们排除了种种困难，历时 4 年，耗费 10 万吨钢材，于 1937 年建成大桥。

　　大桥的营造商希望竣工时最后一根铆钉用纯金制作，但因金铆钉材质太软容易断掉，所以最后的铆钉依旧使用纯钢材质放眼望去，大桥造型宏伟，气势巍峨，它如一条红色的长龙横卧于宽 1 966 米的金门海峡上。大桥北端连接北加利福尼亚，南端与圣弗朗西斯科半岛相接。当船只驶进旧金山时，站在甲板上举目眺望，大桥的巨型钢塔便映入眼帘。塔的顶端用两根直径 90.4 厘米、重 2.45 万吨的钢锁相连，钢锁中点下方，几乎接近桥身。两座辅助钢塔的修筑，使桥形更加壮观。金门大桥的颜色并不是正红，而是将红、黄和黑混合形成的"国际橘"色。上色工作也很复杂。

　　多年来，金门大桥承受住了恶劣天气带来的巨大压力，依旧保持了良好的状态。尽管如此，却仍然无法阻止浓雾和冬雨对钢铁建筑的侵蚀，桥体严重生锈，所以大桥的悬吊钢索都分时段更新过。这座雄峙于碧海白浪之上的宏伟建筑为旧金山的美景平添了一抹亮色。

地球胜境探寻

Diqiu Shengjing Tanxun

6

南极洲

NanJiZhou

扎沃多夫斯基岛
SHIJIE TANSUO FAXIAN XILIE

　　冰是南极的主要特征，南极之所以会有如此多的冰雪，主要与其纬度位置有关。南极与北极同是位于地球的两极，纬度高低相同，太阳照射的时间长短和角度也相差不多，而南极的冰却比北极的多。

知识链接

　　由于海拔高，空气稀薄，再加上冰雪表面对太阳辐射的反射等，使得南极大陆成为世界上最为寒冷的地区。很少有动物能够忍受如此恶劣的环境。可是企鹅却可以，因此扎沃多夫斯基岛成为纹颊企鹅的天下。

　　1819年，俄罗斯人首先发现了扎沃多夫斯基岛，它是南桑维奇群岛的一个宽不到6千米的小岛，位于南极半岛北端以西1 800千米的地方。这里是南大西洋上的一个偏远宁静的小岛，每年都有几个月，一群群企鹅蜂拥来到岛上，企鹅的喧闹声震耳欲聋。

　　扎沃多夫斯基岛是世界上最大的企鹅栖息地。企鹅从很远的地方来到这里是有原因的。扎沃多夫斯基岛是一座活火山，火山口喷发出来的热量使落在山坡上的冰雪很快融化，因此冰雪无法在山坡上堆积，生活在这里的企鹅产卵的时间比生活在遥远南方的企鹅产卵的时间要早的原因也在于此。这些企鹅可以在光秃秃的地面上产卵，所以它们都宁愿顶着惊涛骇浪来到这里也就不足为奇了。

　　为了生存的需要，许多动物都会产生身体结构的变异以适应环境。企鹅为了适应水下生活，它的身体结构发生了很大变化，潜水时的鳍状翅就是它的翅膀退化来的。企鹅虽是适应了潜水生活的鸟类，但是它的骨骼却与其他鸟类的骨骼有所不同，它的骨骼相对于鸟来说沉重、结实；同其他飞翔能力退化的鸟类又有不同，企鹅拥有特别发达的胸肌，它们的鳍状翅因而可以很有力地划水。企鹅拥有跟海豚非常相似的完美的流线型体形。它们的后肢只有三个脚趾发达，趾间生有适于划水的蹼，游泳时，企鹅的脚相当于船的舵。企鹅的羽轴偏宽，羽片狭窄，羽毛均匀而致密地生在体表，就像鱼的鳞片一样，这同其它的鸟类也不同，而是更适于游泳的结构。借助于这样的身体结构，企鹅在潜水时划一次水便能游得很远，耗费的能量很少，这使得企鹅成为"游泳

南极企鹅 ●

活跃在冰原上的企鹅群。

健将"。

根据科学家们长年细致的观察发现，企鹅的游泳速度很快，能达到每小时 10～15 千米，它们可以潜游，在水下能潜 30 秒左右，它们还可以在水中跳跃，因此企鹅被很多人说成是"在水中飞行的鸟"。企鹅在逃避天敌的追击时，常常跳出水面，每次跳出水面可在空中"飞翔"一米多的距离，这可能与它属于鸟类这一特征有很大关系。有时它们也会跳上浮冰躲避天敌。

现在，全世界大约有十几种企鹅，它们全部分布在南半球，以南极大陆为中心，北至非洲南端、南美洲和大洋洲的广阔区域内。它们大多生活在大陆沿岸和某些岛屿上。南极地区共有 7 种企鹅：帝企鹅、阿德利企鹅、金图企鹅（又名巴布亚企鹅）、纹颊企鹅（又名南极企鹅）、王企鹅（又名国王企鹅）、喜石企鹅和浮华企鹅。

企鹅的耐热能力不强，不能忍受较高的气温，企鹅中的大多数只是在亚南极水域的岛屿上繁殖，冬季它们则在非洲南部、澳大利亚、新西兰和南美洲较寒冷的海域越冬。栖息在南极本土的企鹅只有阿德利企鹅和帝企鹅，但在寒冷的冬季，阿德利企鹅也在向北方迁移，在那里的不封冻的土壤中寻找食物。在鸟类中企鹅的耐寒本领可以说是"无鸟能敌"的。

ⓒ 崔钟雷 2011

图书在版编目(CIP)数据

地球胜境探寻 / 崔钟雷编. —沈阳：万卷出版公
司，2011.11（2019.6重印）
（世界探索发现系列）
ISBN 978-7-5470-1789-0

Ⅰ.①地… Ⅱ.①崔… Ⅲ.①名胜古迹—世界—少儿
读物 Ⅳ.①K917-49

中国版本图书馆 CIP 数据核字（2011）第 217098 号

世界探索之旅

出版发行：北方联合出版传媒（集团）股份有限公司
　　　　　万卷出版公司
　　　　　（地址：沈阳市和平区十一纬路 29 号 邮编：110003）
印 刷 者：北京一鑫印务有限责任公司
经 销 者：全国新华书店
开　　本：690mm×960mm　1/16
字　　数：100 千字
印　　张：7
出版时间：2011 年 11 月第 1 版
印刷时间：2019 年 6 月第 4 次印刷
责任编辑：刘　鑫
策　　划：钟　雷
装帧设计：稻草人工作室
主　　编：崔钟雷
副 主 编：刘志远　黄春凯　李明珠
ISBN 978-7-5470-1789-0
定　　价：29.80 元

联系电话：024-23284090
邮购热线：024-23284050/23284627
传　　真：024-23284448
E - mail：vpc_tougao@163.com
网　　址：http://www.chinavpc.com